U0309937

新时代证券投资书系

吴 飞 ◎ 著

做金钱的主人

财商进阶的奇幻之旅

上海财经大学出版社
SHANGHAI UNIVERSITY OF FINANCE & ECONOMICS PRESS

图书在版编目(CIP)数据

做金钱的主人：财商进阶的奇幻之旅 / 吴飞著.
上海：上海财经大学出版社，2024.11. -- (新时代证
券投资书系). -- ISBN 978-7-5642-4462-0

Ⅰ. TS976.15-49

中国国家版本馆 CIP 数据核字第 20244T6T64 号

□ 丛书策划　王永长
□ 责任编辑　王永长
□ 封面设计　贺加贝
□ 插图设计　曾佳芳

做金钱的主人

财商进阶的奇幻之旅

吴　飞　著

上海财经大学出版社出版发行
（上海市中山北一路 369 号　邮编 200083）
网　　址:http://www.sufep.com
电子邮箱:webmaster @ sufep.com
全国新华书店经销
苏州市越洋印刷有限公司印刷装订
2024 年 11 月第 1 版　2024 年 11 月第 1 次印刷

890mm×1240mm　1/32　7.75 印张(插页:2)　167 千字
印数:0 001－5 000　定价:68.00 元

名家书评

这是一本财商启蒙的好书！非常适合投资者阅读，尤其是作为亲子教育与小孩一起阅读。

——欧阳胜杰（网名：谦和屋），优财基金经理

本书作为从小训练孩子财商的通俗读物，非常适合亲子教育。财商和智商、情商同等重要。情商是如何掌控自己的语言行为，智商是如何掌控我们的大脑，而财商是如何做金钱的主人。全书通过两名孩子与钱先生、父亲对话的形式，让读者更有趣地读懂大道无形的投资之道。父亲由浅入深地讲述了好企业好买点的投资标准，给人启迪。本书推荐给投资路上的人，或许给你带来更多维度的思考，期待你成为稳健的投资者，做金钱的主人。更推荐给所有父母，希望其成为孩子们财商课的开篇，种下一颗财商的种子，未来结出丰硕的果实！

——陈彦，湖南悦新医药管理有限公司、海南悦欣医药投资合伙企业董事长

此书深深地吸引了我这样一位有一定财商基础的中年人；读着读着，欲罢不能，很愉快就完成了财商进阶的奇妙之旅，收获颇丰。财商对青少年成长的重要性人所共知。吴飞先生作为一位资深的财经专家，结合自己对子女在财商方面的教育，将自己的财商知识以大家喜闻乐见的童话故事进行表述，由浅入深，通俗易懂，引人入胜，老少皆宜，是一本值得推荐的好书！

——吴泽，长沙中电软件园有限公司副总经理

我们很多人不缺智商和情商，但是真的缺财商。这本书用简单有趣味的方式向我们讲清楚了如何做金钱的主人，如何用钱生钱，如何理性看到股市行情。我觉得此书是一本非常好的亲子教材，值得父母带着孩子们一起阅读，而且可以多次阅读，边阅读边交流。它对于亲子关系的提升和对财富认知的提升都有极其重要的意义！

——徐渊，原华为德国分公司总经理，现湖南宇捷管理咨询有限公司董事长

《做金钱的主人》内容轻松有趣，用多个小故事描述孩子的奇幻经历，将吴飞先生多年的投资实战经验与财商知识通过一段段对话进行深入浅出地系统性介绍，是一本极具启发性的佳作。无论是对普通投资者提升财商水平，还是对培养孩子正确的财富观念，都非常值得一读。

——柳捷，东海证券湖南分公司总经理

这是一本很有意思的财商启蒙书籍。通过这本书可以让孩子学到慢慢变富就是一种幸福。在孩子心中种下一棵财商小树苗，期待有朝一日，枝繁叶茂，福泽天地。

——邱筠，方正证券长沙桐梓坡路证券营业部总经理

这本财商启蒙书通过兄妹俩的奇幻旅程，在与钱先生和爸爸的问答中，向我们深入浅出地讲述了诸多富有智慧的金融知识。如果你也希望自己和孩子像吴小哲和吴小萌兄妹俩那样做金钱的主人，那本书就一定不容错过。

——胡恒，《成长股获利之道》译者，财经博主@价值博士

无论你是希望提升个人财商能力的成年人，还是希望为孩子打下坚实财商基础的父母，都能从本书中获得宝贵的启示和帮助。让我们一起，跟随书中的奇幻旅程，探索财商的奥秘，做金钱的主人，开启财富与智慧并重的人生新篇章。

——孙小舟，原湖南省人民监督员

在这本书里我看到的是一家人爱的汇聚，全家人参与其乐融融，用心去沟通、用生活来融入、用爱来传递财商教育，太幸福、太值得学习了。现在的孩子很多对钱都没有概念，因为我们没有和他们认真谈过钱；在孩子不同年龄段，可以与孩子一起讨论和学习关于金钱管理知识，使孩子在实践中逐步形成自己的金钱观。这本书也给我生动地上了一课，作为商人还没有给孩子们正儿八经

地传输过财商知识,幸好从今天开始,一切都不晚,我们一起跟着这本财商启蒙书,学习如何正确地花钱、赚钱、管理钱,从而一生都做金钱的主人。

——林揆喜,上海揆花科技有限公司董事长

致亲爱的读者

在这本书中，我倾注大量心血，运用了诸多包含数字的实例，如股票价格、市值等，以期为您呈现最生动、最实用的内容。在撰写此书时，这些数据都是准确的。然而，企业常常更新其财务信息，市场亦瞬息万变，因此，书中所述的数据与您阅读此书时的实际数字之间可能存在差异。我衷心希望，这一点小小的不符，不会成为您学习之旅的绊脚石。

我使用这些实例的初衷，并非让您拘泥于具体的数字，而是为了引导您掌握分析的方法与技巧。这些例子不过是载体，真正重要的是所介绍的原则与方法，它们才是您财富增长的钥匙。

在书中，我还提及并分析了几家具体的公司，但这绝非投资建议，更非买卖指令。我再次强调，这些只是作为教学的例子，旨在向您展示如何投资，而非指引您选择哪只股票，据此买卖股票，盈亏自负。

衷心希望这本书能成为您改变财务前景的得力助手，助您开启崭新的人生篇章。让我们携手共进，在交流与学习中，共同改变生活，创造更加美好的未来。

目　录

财商教育早春行
（代序）

提到财商教育启蒙读物，大家脑海里能想到的，大多是《穷爸爸富爸爸》《小狗钱钱》一类的舶来品。个中缘由，一方面是因为国人接受的大多是"淡泊明志""君子固穷"之类的传统思想，似乎羞于谈钱、耻于言富；另一方面是由于中国资本市场的起步较晚，国人对财商教育的认知相对有限。

随着社会经济的发展，我们主动或被动地、有意或无意地会接触到理财和投资等方方面面的财富知识。正所谓："你不理财，财不理你。"培养良好的财商，不是金融人士的专利，而是我们每个人，尤其是年轻人的必修课，是我们通往幸福之路的基础。

吴兄跟我相识已久，他之前接受过央视财经频道"投资者说"节目的采访，也出版过《稳赢投资》等著作，是一位理论和实践经验都非常丰富的投资者。在繁忙的投资工作之余，他以自己家庭开展财商教育的种种场景为原型，写下了这本中国人自己的财商启蒙书籍——《做金钱的主人》。

什么是金钱的主人？什么又是金钱的仆人？如何让大家迅速分辨这两类人，恐怕并非易事。书中提到了一个简单的原则："要想看清一个人是金钱的主人还是仆人,关键是看这个人把自己赚到的钱跟外界交换的内容和次数。"如果一个人只会拿钱去换好吃的、好玩的,一旦这些钱用完了,他就必须不停地去赚钱,这样周而复始,他就永远地成了金钱的仆人;如果一个人在留足了自己的日常开支之后,剩下的钱都留下来投资,不断地赚到更多的钱,他就成了金钱的主人。

这个看似并不复杂的道理,精准地道出了穷人和富人之间的差距。这种差距不仅仅是物质层面的,更是思想层面的。千万不要以为这种设定只出现在童话世界,这是现实世界的真实写照。

印度小城的蔬菜市场总是一派热闹繁忙的景象。这些蔬菜小贩的商业模式很简单:从富人那里借入 1 000 卢比,在清晨拿着钱去批发 1 000 卢比的蔬菜,当天卖完之后,一般收入为 1 100 卢比,也就是赚了 100 卢比。富人给出的贷款利率可一点都不便宜,每天的利息是 5%,也就是 50 卢比。小贩在还完富人的贷款本息后,还剩下 50 卢比。小贩和家人每天也要维持生计,大概要花掉 45 卢比。也就是说,小贩每天可以自由支配的钱大约是 5 卢比。大多数小贩都会选择花掉这 5 卢比。他们可以给自己买杯奶茶,给孩子买点零食,以作为自己劳碌一天的犒赏。然而,不幸的是,赚来的钱全部花完时,第二天小贩不得不重复前一天的生活:借钱→进货→卖菜→归还本息→生活开支→消费→借钱……借不完的钱,进不完的货,卖不完的菜,还不完的款,这似乎是个死循环。这些可怜的小贩,无疑就陷入了"又穷又忙"的窘境。他们该如何实现人生的突围呢?

聪明的你可能已经想到了:如果这些小贩将每天可以自由支配的钱(也就是 5 卢比)结余下来,那么只要 200 天,他们就可以凑齐 1 000 卢比,从此再也不用找富人借钱啦。更美妙的是,等这些小贩拥有了 1 000 卢比的自有资金,也就省去了每天 50 卢比的利息,他们赚钱的速度将大大加快。从此以后,他们就会拥有人生更多的自由和选择。

这其实是不难做出的改变,但绝大多数小贩并没有"逆天改命"的想法,他们似乎习惯了这种朝不保夕的生活,最终沦为命运的"奴隶"。这群小贩不就是现实世界活脱脱的"金钱的仆人"吗?

口袋空空其实并不可怕,真正可怕的是脑袋空空。如果一个人完全没有财商思维,那么沦为这种悲剧命运几乎是大概率事件。

翻开《做金钱的主人》,处处都可以看到这种财商思维的训练,其观点通俗易懂:一是要尽早做金钱的主人;二是要把压岁钱用于定投指数基金;三是要努力学习,考一个好大学,去接触和结识更多优秀的同学和朋友,找到可以办成大事的人,并跟着他一起取得成功。难能可贵的是,作者的笔墨并未局限于金钱世界的奇幻之旅。在主人公(吴小哲和吴小萌兄妹俩)学习了基本的财商知识之后,他们又在爸爸的帮助下,开启了价值投资的成长之旅。作者以深入浅出的笔触,提出了很多真知灼见,比如说:"多易必多难""牛市是亏损之源""做自己喜欢和擅长的事情更容易取得成功"……

《做金钱的主人》不仅仅是在谈金钱,还在谈人生。我们理财也好,投资也罢,都不是目的,而只是手段。我们真正的目标是追求幸福。然而,什么才是幸福呢? 作者给出的答案颇为精彩:幸福其实是一个变量,不以当前拥有多少为评判标准,而是当前减去以前,如果结果为正数,人们多数会感到满意和幸福,如果为负数则相反。

诚哉斯言! 从 1 亿缩水成 1 000 万,比起从 100 万奋斗成 1 000 万,两者的幸福感简直判若云泥。前者"想当年,金戈铁马",

然而"风流总被雨打风吹去",隐隐充满着"英雄气短"的凄惶感;后者则"潮平两岸阔",终将"直挂云帆济沧海",满满的都是"渐入佳境"的获得感。

记得在2024年伯克希尔股东大会上,巴菲特在缅怀芒格时说道:"芒格的人生巅峰出现在他的99岁。也就是说,没有最好,只有更好;只要活着,就在不断打破纪录,创造新的巅峰。"巴菲特本人也是如此,就在刚刚过去的2024年8月,伯克希尔的市值突破1万亿美元,成为全球第一家市值过万亿的非科技型公司。这种"只富一次"的人生,才是值得我们追随和效仿的人间理想。

芒格曾说,人生有两大憾事:"悟得太晚,走得太早。"正所谓"莫道君行早,更有早行人"。无论是成年人还是小朋友,最好的时光都是现在,最好的策略都是马上行动。如果你是一位渴望获得财富与自由的年轻人,本书有助于树立正确的理财观和投资观,它让你少走很多弯路;如果你是一位有责任心的家长,本书可以让你悦享和孩子们的共读时光。哪怕"苔花如米小",只要此时此刻,在心里我们埋下一颗向往财务自由的种子,将来就一定可以长成参天大树。

王冠亚

2024年8月于江城武汉

(王冠亚,私募基金经理,中南财经政法大学合作硕士生导师。崇尚价值投资,曾三度赴美参加巴菲特股东大会。著有《我读巴芒:永恒的价值》,译有《巴菲特的嘉年华》《比尔·米勒投资之道》《超越巴菲特的伯克希尔》等。)

前　言

　　财商,即财务智商,是一个人在金钱管理和财务决策方面的能力。它如同一把钥匙,能够打开财务健康和经济独立的大门。财商的重要性不容忽视,它无处不在,且贯穿我们的日常生活,优秀的财商能够帮助我们更好地管理和规划金钱,过上美满幸福生活。

　　成年人和孩子们都应该重视培养和提高自己的财商水平。我们如何正确看待金钱的价值? 如何赚取钱财? 如何储蓄和合理支配金钱? 这些都是财商知识的一部分。通过学习,我们能够建立健康的金钱观,真正成为金钱的主人。

　　缺乏财商可能导致一系列问题。如果没有正确处理自己的财务事项,我们可能会陷入财务困境,债务的不断积累,将无法摆脱经济上的困境;如果无法理智地做出消费决策,我们可能会沉溺于过度消费的陷阱,甚至陷入债务的泥潭。可见,高财富对人生具有重要意义。

　　更为重要的是,缺乏财商可能对我们的个人和家庭关系产生负面影响。金钱问题是家庭中常见的争议焦点,缺乏财商可能导致金钱摩擦与家庭的不和谐。这将对婚姻、家庭和个人的幸福感产生负面影响。

财商教育超越年龄界限。生活中不少年纪很大的人财商知识也很匮乏。成年人经受过社会的洗礼,他们常常执着于复杂事物,杂乱的思绪容易让人迷失判断力。如果我们能以孩子的视角重新学习和看待财商知识,将会更加敏锐地认识和学习到那些看似简单但实则非常重要的理财观念。因为孩子们对于金钱的理解通常更为纯粹,他们有可能会抱着好奇和开放的心态来探索财务世界。孩子们所拥有的纯净视角使他们更容易发现并接受那些成年人常常忽视的重要财商知识。

　　无论是成年人还是孩子们,财商教育都非常重要。我们一旦拥有正确的金钱观,就不会贪心、不会上当受骗,能够选择适合自己的投资方式,从而成为一个财务健康或财务自由的人。

　　正面的财商教育能够从小培养独立思考的能力,可以养成批判性思维和提高分析能力,从而能够理性评估金融决策和财务风险。这使我们能够自主思考、权衡利弊,而不易受他人影响。

　　财商教育还能教会我们如何理解和管理金钱,养成节约和投资的好习惯,建立积极的消费和储蓄观念。这些价值观不仅使我们能够承担自己的财务开支,而且有利于做出明智的金融决策。

　　一个人的"金钱观",关乎其一生的幸福。每个人的"金钱观"都关乎自己的生活,决定自己的命运。正确的财商观是一生的财富,它不仅能让我们在出现任何的财务困境时都能应对自如,更不会被金钱和眼前利益所束缚、所迷惑。

　　贫穷并不可怕,可怕的不是缺钱,而是缺乏正确的金钱观念。有很多看上去有钱的人并不一定是财务自由的人,但财商高的人却更容易通过努力实现财务自由。如果一个人能够理性地看待金钱,并能合理运用金钱,那么他就能把握住人生的幸福。

　　财商不限于能赚多少钱,而在于能控制多少钱:这些钱能为你带来多少钱,并有能力使这些钱维持多久。财商高的人自己不必付出太大的努力,因为钱已经为他们工作了,他们可以花费更多时间去做自己喜欢的事情。

　　这是一本论述财商知识的故事书。本书上篇为"金钱世界奇幻之旅",以大富翁游戏开篇,介绍喜爱阅读的兄妹俩在老图书馆中一个神秘的藏书室,通过一本发光的奇书进入金钱世界,遇到长相怪异的钱先生,并向他学习各种基础财商知识的神奇经历。本书下篇是"价值投资成长之旅",讲述兄妹俩从金钱世界返回后,哥哥向爸爸进一步学习股票价值投资方式和各种人生智慧的过程。

　　本书是为那些注重财商学习和希望提升财商能力的人而写的指导书。全书十余万字,是作者根据自己多年的投资实践经验,结合平时对儿女进行财商教育的真实场景写作而成。全书内容包括对金钱的正确认识,对视金钱如粪土等观点的解读;介绍了如何区分金钱的主人与仆人的方法,世间能够赚取金钱的四种人等;讲述了教育储蓄、定投指数基金、股票价值投资等投资内容、方法和技巧。

　　本书也是一本非常适合年轻父母和孩子一起学习的亲子书。在亲子共读的过程中,我们不仅可以共同领略财务世界的奥秘,也可以一起成长、探索和培养正确的金钱观念。亲子共读财商书籍是一种极具意义的互动阅读体验:家长和孩子们在阅读过程中可以相互交流和讨论,家长们也有机会重温并重新理解那些自己曾经忽视的财务知识。通过这种方式,人们能够从孩子们身上汲取智慧和洞察力，重新审视自己的金钱观念并进行必要的动态调整。在这个过程中，家长和孩子们一同建立起正确的金钱价值观念，为孩子们的未来打下坚实的财务基础。这种亲子共读的方式不仅能够促进家庭的互动和沟通，而且还能够培养孩子们的财务意识和财务决策能力，为他们走向财务独立做好充分的知识准备。

全书以故事的形式开始，并以对话的方式进行讲述，内容老少皆宜、由浅入深，将生活中常见的各种财商知识融入故事中，达到寓教于乐的目标，让读者在快乐的阅读中增长财务知识。书中的很多投资方式尤其是价值投资理念具有实际的参考性，对读者投资能力的提升也具有现实意义。

《做金钱的主人》其深层含义在于，通过智慧地规划和投资，建立起多元化的财富源泉，从而在物质与精神的双重维度上驾驭金钱，而非被其所驾驭。当我们超越了对金钱的依赖和恐惧，解决了金钱的后顾之忧，从某种意义上说，我们就成了人生的主人。

一个奇妙的金钱故事，一种高水平的财商观，会让读者享受做"金钱的主人"的快乐。

吴　飞

于星城长沙松雅湖畔

上篇

金钱世界奇幻之旅

一、 兄妹俩的梦想

"噢耶,我又赢啦!"吴小哲在客厅振臂欢呼,随后兴奋地手舞足蹈起来。

"哥哥,恭喜你又赢了,请你在第十届大富翁荣誉榜上签名,这是你获得的大富翁金色大厦奖章。"妹妹吴小萌认真地把签名表和奖章递了过去。

"爸爸,你都连输好几盘了,得加把劲呀。"

"你说得对,我得再努力一些,下一盘一定是我赢,不过我的屡败屡战的精神还是好的嘛。"爸爸笑呵呵地回答。

吴小哲和吴小萌兄妹俩都是长沙威尼斯中英文小学的学生,哥哥10岁,读四年级,妹妹还未满8岁,正在读二年级。他们刚刚在家里和爸爸玩最喜欢的《大富翁》游戏。

《大富翁》是一款经典的桌上游戏,有《中国之旅》《阿拉伯之旅》《非洲之旅》等不同版本,游戏中的地图会根据不同的版本而有所不同,但基本玩法都相似。大富翁游戏中,玩家通过投掷骰子、购买地产、收取租金等方式获取财富,玩家需要管理自己的资产,包括土地、房产、车站、电厂等，通过投资、收租等方式增加自己的净资产，同时避免债务危机，并最终成为游戏中的赢家。《大富翁》游戏可以增强玩家的金融意识和理财能力的提高，此外还可以培养游戏玩家的策略思维和判断能力，让人在玩乐中学会理财。

吴小哲每次战胜爸爸并取得最终胜利时，都会非常开心。他们的爸爸是一位专业投资人，平时的主要工作就是看书和阅读各种资料，妈妈常笑称他就是一本长着两条腿的书。受爸爸的影响，两个小朋友很早就对阅读产生了兴趣，尤其喜欢看财富类书籍。他们看书、做笔记，积极思考和总结，小小年纪就对财富充满着渴望，喜欢探索财富的奥秘。

吴小哲是一个非常有头脑的小朋友，思维敏捷、喜欢思考，善于分析和解决问题。他在学习、生活中都有着自己独特的见解和观点，而且具有很强的领导力。他经常会鼓励妹妹，并给予她帮

助。妹妹吴小萌则是一个聪明可爱的女孩,精力旺盛、充满激情,而且她非常擅长与人交流,富有爱心和非凡的洞察力。爸爸是他们的良师益友,常常支持他们,鼓励他们勇往直前。妈妈是家里的大总管,细心地照料着家人。

兄妹俩非常努力,不断地学习新知识。他们结合所学知识和书籍的内容分析总结投资理财方法,时不时会跟父母讨论各种财经知识和财富风云人物。虽然两个小朋友经常和同龄人一起玩耍,但他们的人生目标早早地就锁定成为大富翁。这个目标足以让他们每天都过得充实而有意义。

二、神秘的藏书室

喜欢阅读的吴小哲与吴小萌兄妹俩,经常到妈妈工作所在的大学图书馆看书。这是每个周末的惯例,他们总是能在那里找到许多有趣的书籍来阅读。

妈妈工作的大学有两座截然不同的图书馆:一座是新图书馆,另一座是老图书馆。其中,新图书馆也是绝大多数人常去的地方,坐落在校园大广场的正前方。这是一处充满活力和魅力的场所,大厅内装饰高雅,座椅舒适宜人。馆内干净整洁,书架上摆满了各种现代读物,电脑、平板等科技设备也随处可见。新图书馆的电子系统会让人以免费或付费的方式,轻松借阅到自己心仪的书籍。这个过程十分方便、快捷。

在离馆时,读者可以选择使用自助还书设备,几秒钟就能完成还书的过程,十分便利。有时新图书馆也会举办讲座、展览等活动,让读者们了解更多的现代知识和传统文化。在这里,读者不仅可以独自阅读,还可以与其他人进行交流,共同分享和学习。这座新图书馆是文化、技术和生活的结合体,为人们提供了一处学习知识的场所。

兄妹俩虽然也去新图书馆，但他们更喜欢去校园深处古老而神秘的老图书馆。这座几乎与大学建校同步、历史已超百年的古老图书馆，坐落在校园一个静谧的角落，古朴厚重、浑然天成，显得神秘而宁静。这个古老建筑的深处，封印着上千年的知识和智慧，散发着强大而神秘的力量。

一踏进门口，人们就会沉浸在馆内雄伟和庄重的氛围中。打开厚重的木质大门，时空好像已经倒流到了遥远的岁月里。掩映在灯光之中，这座古老的图书馆显得更加宏大。人们看到无数的书架与地面齐平，延绵左右，几乎占据了整个空间。在这里，人们能够找到各种各样的古籍和历史资料。一本本整齐叠放、尘封已久的古书，散发着一种肃穆的气息，好像沉睡了许久的记忆，正呼唤着人们去解读。

馆内的阅览室里，木桌上放着一盏盏小灯。在这里，人们能够闻到古旧书页的气味，听到书页与书页之间摩擦的声音，思绪也重新回到古老的世界里。

在这个古老建筑中，除了尘封的书籍，还有许多珍贵的展品。走进展厅，人们恍如走进了一条时空隧道。在这里，时间仿佛是静止的，人们可以用心去慢慢品味每一件物品的历史背景。读者和物品之间能够很快地进入神秘的交流过程，每一件物品都能让人感受到那段时光的独特气息。

这座古老的图书馆，不仅是一个文化场所，更是一个平静的避风港湾，一个身心疲惫的人舒缓心灵的场所。无论是古籍爱好者，还是寻求内心平静的学子，都可以在这里找到自己的栖息之所。

如果想见馆内的管理人，人们会看到一个满脸皱纹但面带慈祥笑容的老人。他额头上稀疏的白发驳杂地散布着，大家都叫他金爷爷。金爷爷平时都是静坐在书柜边，安静地看着古籍。当你接近的时候，他会向你微笑问好。

　　"金爷爷，今天是我 10 岁的生日，我们想再去试试。"吴小哲礼貌地说。

　　"想试就去试吧，反正你们已经试过几次了。"金爷爷笑呵呵地回答道。

　　兄妹俩对老图书馆了如指掌，但唯有一间房子，他们从来没有进去过。这是一间神秘的藏书室，平时总是房门紧闭、从不示人，

门看上去没有锁,但就是打不开,而且门上有一行奇怪的说明文字:"有缘门自开,无缘进不来。"

兄妹俩第一次看到这个奇怪说明的时候,就问过金爷爷。金爷爷神秘地回答:"这确实是一间神奇的藏书室,不过我也没有钥匙,门能否打开,完全看天意和缘分。只有年满8岁的小朋友,生日当天过来,才有机会打开门。生日者只要报上自己的姓名,念出门上的这句话。如果是有缘的小朋友,不仅门会自动打开,而且有机会收获一份神秘大礼呢。至于你们是不是有缘分打开门,生日当天过来试试就知道了。"

"金爷爷,打开这扇门的小朋友多不多?"吴小哲已经错过了8周岁的机会,焦急地问。

金爷爷捋了一下稀疏的胡须,似乎追忆地说道:"我在这里很多年了,只遇到3位小朋友有这种福气啊。其中一位现在成了科学家,一位成了发明家,还有一位成了大企业家,不知道我还能不能遇到下一位幸运的小朋友啰!"

十来分钟后,金爷爷看到兄妹俩失望地走了回来,安慰道:"不要伤心,打不开很正常嘛。"

吴小萌握了握小拳头,坚定地说:"我们还会再来的。"

三、 图书馆奇遇记

7月14日这一天，是个特别的日子，正是妹妹吴小萌的8岁生日。和家人吃完大餐后，兄妹俩迫不及待地来到老图书馆，怀着紧张兴奋的心情去探索期待已久的老图书馆最深处的藏书室。

"你们又来啦!"金爷爷看到兄妹俩兴冲冲地赶过来，开心地和他们打招呼。

"金爷爷，今天是我8岁生日，我可以去试试打开门吗?"吴小萌迫不及待地说。

"当然可以呀，8岁是个好机会，这次我陪你们一起去吧。"金爷爷笑呵呵地回答。兄妹俩跟着金爷爷穿过长长的书架，来到最里边的神秘藏书室门前。金爷爷冲吴小萌点点头，示意"接下来就看你的了"。

吴小萌向前迈出一步站在门前，深吸了一口气，大声说道:"我叫吴小萌，今天8岁了。有缘门自开，无缘进不来。"

兄妹俩怀着紧张兴奋的心情期待着，过了半晌也没有反应，正准备失望地离开之际，沉重的木门却"吱呀"一声打开了。兄妹俩欣喜地向里望去,房间里没有灯,只是从窗户外透进些许微光。房间看上去并不大,只有几排老旧的木书架,上面堆放着各式各样的书籍,每本书上都有厚厚的灰尘。

金爷爷转身从旁边的柜子里拿出一支手电筒递了过来,开心地说道:"小萌,恭喜你呀,门开了,你可以进去啦。"

吴小萌高兴地接过手电筒,望向幽暗的藏书室,转头说道:"哥哥,我有点怕,你能陪我一起进去吗?"吴小哲听后,充满期待地望向金爷爷。

"房门打开后,一天内最多可以进去 2 个人。你去试试吧,如果有缘的话,你是可以跟着妹妹进去的,如果没有缘分,这个门你想进也进不了。"

吴小哲怀着忐忑的心情陪着妹妹朝门走去,幸运的是,他们俩

都顺利地进入了藏书室。他们身后传来金爷爷的声音:"你们放心,里边很安全。至于神秘礼物嘛,它会自动感应的。"

果不其然,没过多久,吴小萌在书架的最角落发现了一本正在发光的书。她兴奋地叫出声来:"哥哥快来,你看这本书好像在发光呢。"兄妹俩一起把那本书取下来,书名叫《做金钱的主人》,尽管书上布满灰尘,但书的封面上有一个很大的钱袋子,正在忽明忽暗地闪着金光。兄妹俩兴奋不已。吴小萌迫不及待地打开书籍,突然一道金光闪过,兄妹俩失去了意识。

不知道过了多久,他们清醒过来,发现自己已经在一个完全陌生的地方。这个地方四周没有光线,空气中弥漫着一股神秘的气息。前方不远处有一个旋转门,门背后透出一片金光。他们穿过旋转门,发现门口有一个怪人在那里等着。这个怪人左右两边的衣服乃至皮肤,都是一边黑一边白,看上去十分怪异。看到他们惊讶的表情,怪人见怪不怪地说:"欢迎来到金钱的世界。"

四、 神奇的金钱王国

　　吴小哲和吴小萌非常惊讶,他们不知道这是什么地方,也不知道该怎么回答这个怪人。但是怪人仿佛已经了解了他们,用柔和的声音说:"你们被吸入书本里面了,这里是金钱的世界。来吧,孩子们,我带你们参观一下。"怪人刚刚说完,一个冷酷的声音再次从他口中响起:"哼,看了也是白看,学了也是白学,将来还不是大概率会乖乖做我的仆人,我才不想浪费时间和精力给这对小鬼呢。"怪人仿佛瞬间变了一个人,黑脸部分露出一副毫不耐烦的神情,与白脸部分平和的微笑形成了鲜明的对比。

　　兄妹俩吓得不敢出声,乖乖地跟在怪人的身后。走过一条狭长的通道,兄妹俩眼前豁然开朗,一个奇异的世界呈现在他们眼前。

　　在这个奇幻的世界里,所有的自然万物都由金钱构成。在这个金钱世界里,一切都闪耀着金黄的光芒。翠绿的草地被覆盖着柔软的金黄绒毛,在阳光的照耀下,整个大地都散发出一种神秘而又华美的光彩。高大的树木也不例外,它们的树干都被金色包裹,散发出奇异的气息；树上长出的叶子都覆盖着一层层百元人民币的红色外衣，树枝上的花朵更是让人目不暇接，因为它们似乎是由闪闪发光的金丝和镶嵌宝石的花瓣组成的。

在这个世界里，所有的生物都体现出金黄的气息。小鸟的羽毛是闪亮的金色。鱼儿的鳞片也仿佛是由黄金打造的，它们在水中畅游，宛如水中的瑞兽。每一只动物都有着宝石般闪耀的眼睛。

步入这个金钱世界，兄妹俩被各种华美的珠宝吸引。柔和的紫色、温暖的粉红色、冷酷的青色，每一颗宝石都闪耀着不同的色彩。走进这个充满财富和珍宝的国度，仿佛进入了一个梦幻般的世界。

在这个奇幻的金钱世界中，每一株草、每一棵树、每一处景都由黄金宝石打造。这些金色之物闪闪发光，好像散发着神秘的魔力。即使是飘散在空气中的尘土，仿佛也是由金灰和宝石屑形成的。

这里还有许多其他奇怪的东西：别的地方是五彩缤纷的糖果，这里则是金色的巧克力；别的地方是舒适的木椅，这里则是闪闪发光的金椅；别的地方是新鲜的蔬菜，这里则是不断变换的金钞。在这个奇幻的金钱世界里，金钱、黄金和宝石自然而然是最重要的，仿佛铸就出了一个金银、宝石的天堂。

怪先生带他们穿过金钱森林，来到了一座高耸入云的漂亮城堡。他们进入一间华丽的宫殿，这里的每一个建筑都是由亮闪闪的黄金砌成。精美的珠宝、华丽的装饰和贵气的家具，同样也充满了高贵的气息。

怪先生请兄妹俩在一个高背的宝石座椅上坐下来。椅子虽然是黄金和宝石做成的，但坐上去却比一般的沙发还要柔软，兄妹俩紧张、激动的心情终于慢慢平复下来。

五、 金钱管家钱先生

"我是金钱世界的管家,掌管着世间金钱的收集和分配,你们可以叫我钱先生。"怪先生开口说道。

"钱先生,你真是太幸福了,大家都喜欢钱,你却能管着所有的钱。"吴小萌兴奋地说。

"大家都喜欢金钱,是因为金钱无处不在,它的作用非常大。"

"金钱是一个非常神奇的东西。金钱作为一种货币流通,它可以让交易更为简单和方便。当人们需要购买商品或服务时,只需要用钱付款,就可以得到自己想要的东西,而不用去烦恼如何交换物品或服务。金钱具有储值的功能,人们可以把钱存在银行里,等到购买力上升时再去消费。金钱不仅可以保值增值,而且还有助于促进经济的发展。金钱还可以用来捐赠给需要帮助的人或组织,或者用来支持各种慈善事业。它不仅有助于改善社会环境,还可以让人们感到非常满足而有意义。"

"中国有句老话叫做'有钱能使鬼推磨',有了钱,人们可以买到所需的衣食住行用品,不必为生活烦恼。而且,钱还可以使人们更幸福。比如,可以用钱购买旅游机票,周游世界,了解各种文化。这不仅可以使人们的生活更加多姿多彩,也可以获得更多的人生体验。金钱的作用不止于此,它还可以带来更大的收益,例如在投资和创业领域中,它可以带来丰厚的回报。在社会层面,金钱也具有很大的影响力。它可以改变一个人的社会地位和影响力,为其提供更多的机会和资源。"

听完钱先生的介绍,吴小哲不由感叹道:"难怪大人们都这么喜欢钱呀!"

"就像硬币有两个面,金钱有好的一面,也有坏的一面哟。"钱先生提醒道。

"金钱这么有用,怎么还会有坏的一面呢?"吴小萌惊讶地反问道。

"有时,金钱太多或太少都会带来一系列问题。当一个人钱多时,容易变得贪婪、自私、不道德和不切实际,并有可能过度地消费和追逐奢侈品。这不仅会透支自己的财富,也可能对家庭产生负面影响。当一个人缺钱时,他(她)可能会遭遇各种困难和挑战,不得不做出让自己不情愿的选择,并可能会导致一系列不良后果。一些人为了获取更多的财富,可能会采取不正当手段,例如欺诈、偷窃和骗钱等。这种行为不仅对自己会造成不可逆的伤害,还会对社会造成负面影响……"

通过钱先生的介绍和说明,兄妹俩学到了很多关于金钱的知识,对钱先生也有了进一步的了解。

钱先生不仅是财富的管理者,更是财富的创造者。他有着无限的想象力和创造力,可以发掘财富的潜力,并创造出全新的财富形式。比如,他可以开发新的金融产品,让人们更好地利用自己的财富,同时也能够让财富更好地流动起来,为经济的发展带来动力;他还可以帮助人们理解金钱的本质和如何利用金钱来创造更多财富。钱先生简直就是一个全能专家。

钱先生经常以他独特的方式来帮助人们理解和应用财富的技能。他有着强大的魔法,能让人们的钱变得更有价值。一次,一个人向钱先生请求帮助,他感到非常困惑,因为他的钱总是不够用。钱先生对他微笑着说:"每一分钱都有它的价值。如果你能理解这些价值并好好利用它们,你的钱就会增加。"钱先生告诉了这个人如何分析他的开支,发现哪些是无意义的开销,而哪些是有利可图的投资。这个人此后不再乱花钱,不仅省下一部分开支,还能把省

下的钱用于投资,赚取更多的财富。他的生活质量得到了提升,从此也不再担心财务状况。

钱先生还能帮助人们理解金钱的本质。一次,一个年轻人问钱先生:"钱是什么?"钱先生笑着回答:"钱就是一张纸,一种虚拟的符号,但它代表了一种能力和机会。"随后年轻人脑海中浮现出了一个神奇的场景,有一股神秘的力量帮他想到了自己如何拥有无穷的财富,让他发现自己有了更多的机会去实现自

己的梦想。

　　钱先生也会用他的魔法来帮助那些需要资金支持的创业者。他帮助他们制定了财务计划、寻找资金来源,还支持他们的营销和推广。他认为一个成功的创业家不仅要有好的创意和领导能力,还要对自己的财务状况有清晰的认识。

　　钱先生还教人们如何用金钱去帮助别人。一个人的能力是有限的,但是人们可以用钱来帮助别人,让自己的能力变得更加强大。

　　钱先生说他还有一个非常重要的职责,那就是教育人们如何正确地对待金钱。他会告诉每一个人,其实金钱并不是万能的,它只是人们生活的一部分。人们应该懂得如何正确地利用金钱,让它为自己创造更多的机会和幸福。可惜,能够听从钱先生劝告的人并不多。

　　总之,钱先生是金钱世界的一位神奇的管家。他不仅掌管着收集和分配财富的工作,还能帮助人们理解金钱的本质和利用金钱来帮助别人。

六、 金钱的两面性

吴小哲听完钱先生的介绍后若有所思,过了一会儿他带着巨大的疑惑,问了一个问题:"钱先生,我承认你说得很有道理,不过我以前好几次听人说过,人要'视金钱如粪土',这不是有点儿矛盾吗?"

"你真是一个善于思考的小朋友,这个问题问得非常好。"钱先生赞许地看了一眼,然后继续说道:

"很多人有将金钱看作无足轻重的观点,但这种观点并不值得提倡和学习。把金钱比作粪土的观点是不全面、不合理的,因为在现代社会,金钱是非常重要的,它有很多不可替代的作用。首先,金钱是人们交易的媒介,没有金钱,商品和服务的交换会变得非常困难。其次,金钱的存在促进了经济发展和社会合作,使人们能够得到劳动的回报和购买商品和服务,从而提高生活品质,增进社会福利。此外,金钱也是财富的象征,它可以让人们获得物质财富和社会地位。在现代社会中,许多人通过工作或投资获得金钱。这些金钱是他们努力工作和聪明才智的回报,也是创造财富的重要方式。金钱还可以推动社会进步和科学技术发展。许多科学研究和技术创新需要大量投资，只有通过金钱的支持，这些研究和创新才能顺利进行。此外，金钱还可以支持慈善事业和社会发展，为弱势群体提供援助和支持。"

"如果一个人将自己的价值和尊严与金钱分离，那么从某种意义上来说，这个人就会失去对事物的正确认识，而且将金钱看作粪土的观点也不符合人类社会发展的趋势。现在的世界，人们不仅关注金钱，还追求更高层次的精神需求。这种追求包括文化、教育、健康等方面，与金钱等物质利益相互促进，共同构成现代社会的多元价值体系。毫无疑问，金钱是社会发展所必需的。"

"与'视金钱如粪土'的观点恰恰相反，人世间还有另一种'金钱至上'的观点，这也是不正确的。"钱先生接着说道。

"随着经济的发展和竞争的加剧，一些人开始过度追求金钱，把它当作人生的唯一标准，而忽视了其他重要的人际关系和价值观。这种思维会导致人们失去良心和社会责任，在追逐金钱的过程中偏离了道德和法律的底线。"

"金钱不是万能的东西。虽然它可以带来物质享受，但并不能真正带来幸福和快乐。许多人为了追求金钱而牺牲了人际关系和精神上的满足，最终感到孤独和空虚。因此，如果把追求金钱作为人生的最高目标，就会忽视生命的真正意义和价值，只是追求短暂的物质享受。"

"将金钱置于生活的核心位置，也会对社会产生负面影响。如果人们无底线地追逐金钱，就会陷入恶性竞争，导致社会分裂和不平等加剧。贪婪、欺骗、压迫和腐败等问题也与对金钱的追求密切相关。这些现象威胁着社会的道德和文化价值,并对未来产生深远影响。"

钱先生总结道:"在我的个人观点中,人们应该尊重和珍惜金钱。金钱仅仅是流通的经济数字,真正重要的是人们对于钱的态度和看法。人们应该理性地看待金钱,尊重它,学会管理它,让它为己所用,以实现自己的梦想、目标和愿望,并做出对家庭、社会和整个世界有益的贡献。人们应该学会如何管理和利用金钱,而不是让它掌控自己的生活。每个人在追求财富的同时,都应该有一定的原则和道德。人们也应该学会如何分享和回馈社会,为自己和他人带来更多的益处和价值。"

钱先生看到兄妹俩认真学习与思考的样子,满意地点了点头,并说道:"你们已经逛了很久,刚才我们又聊了这么多,估计饿坏了吧,你们最想吃的是什么东西?"

吴小萌高兴得蹦起来,开心地说道:"谢谢钱先生,你真是太好了,我想吃一大堆的甜筒冰激凌。"钱先生对吴小哲说:"你呢?你想要什么?"吴小哲想了想,回答说:"我想拥有一辆属于自己的大房车,因为我的梦想是开着自己的房车,和家人一起到全国各地旅游。"

"我们到屋子外边去吧,说不定有惊喜哦。"钱先生站起身来，对兄妹俩说道。

三人走出房屋，来到城堡的前坪，之前空旷的草坪里出现了一辆高大豪华的房车，车旁开放式帐篷内摆满了各式各样的甜筒冰激凌、糖果，还有各种好吃的美食和饮料。

"这是送给你们的礼物，好好享受吧。"

兄妹俩高兴地跳了起来，没想到钱先生这么快就帮他们实现了心中的梦想，兄妹俩向房车和美食飞奔过去。

"钱先生，你这里实在太好了，真是要什么有什么。"吃饱喝足后，吴小萌羡慕地说。

钱先生微笑着说道："那些能够正确理解'要什么有什么'这句话的人，将会获得更多的财富和权力。你们现在还小，估计要等长大后才能真正明白其中的道理。"

七、钱先生的仆人和主人

经过愉快的交流,兄妹俩和钱先生慢慢熟悉起来。

"钱先生,世界上所有的金钱都归你管吗?"吴小萌好奇地问道。

"是的,金钱虽然多种多样,但都归我管。不过我只是管家,我还有主人和仆人。"钱先生微笑着回答道。

"我们进来这么久了,没有看到其他人呀?"

"我的主人和仆人都不在这里,他们在你们生活的那个世界。"

"在我们的世界?我怎么从来没有听说过呢?"

"你们平时看不到,不过要分清也不难。"钱先生呵呵地笑了起来。

"能告诉我们怎么区分吗?"吴小哲急迫地问道,他可不想当仆人。

"很简单,要想看清一个人是我的主人还是仆人,关键是看这个人把自己赚到的钱跟我交换的内容和次数。"

"一个人如果是跟我换好吃的好玩的,我只要给他换一次,他的钱就到我手里来了,反正我这里的东西应有尽有,这样的人想换多少,我就能给他多少;而他钱一旦用完了,就必须不停地去赚钱,这样周而复始,他就永远成了我的仆人。"

"当然也有少数聪明人,他们除了必要的生活开支外,把剩下的钱都留下来。他们用各种方法让我帮他们去赚钱。他们的钱只交给我一次,但我必须一次又一次把赚到的钱交给他们。他们不仅自己在赚钱,还让我帮他们赚钱,所以,他们的财富越来越多。到后来,他们自己就不用去赚钱了,完全靠我赚的钱他们就能过得很好,于是他们就彻底成了我的主人。"

"我明白了,是主人还是仆人,主要看是他们帮你赚钱,还是你帮他们赚钱。"吴小哲恍然大悟道。

"有意思的小家伙,你这样理解也可以。"钱先生听后哈哈大笑起来。

看到钱先生非常开心,吴小萌忍不住大胆地问出了一直积压在心底的一个问题:"钱先生,你的身体为什么一半黑一半白呀?而且最开始见到你的时候,我感觉你的身体里好像住着另外一个人,那种说话的样子我还有点害怕呢。"

"萌妹妹,这样直接说人家的外貌不合适。"哥哥拉了一下妹妹的袖子,严肃地小声说道。吴小萌听后,不禁害羞地吐了一下舌头。

"小家伙,你是在说我吗?背后评价别人可是相当不礼貌的!哼,我只是不想和你们说话,你们别以为我就不存在。"那个冷酷的声音再次从钱先生嘴里冒了出来,钱先生的黑脸部分也显得很生气的样子。

"你就不要吓孩子们啦。"白脸部分钱先生略带批评地说道。

"哼,我可没你那样的好脾气,反正他们将来都会成为我的仆人,我干嘛对他们客气啊。"黑脸部分钱先生没好气地回答道。

"我们之前可是说好了的,有缘能进到金钱世界的小朋友都有可能是我的主人,你不得干涉啊。"

"哼,我才懒得理他们呢。"冷酷的声音随后消失了。

兄妹俩看着钱先生自言自语,黑白两部分互不相让,模样格外怪异,一时待在原地,不敢动弹作声。

"不用怕,没事的,你们问什么都可以,我保证知无不言、言无不尽。"恢复正常的钱先生朝兄妹俩笑笑。

"你们现在还小，可以看到两个钱先生，等你们将来长大了，就只有一个钱先生了。"

"不过，但愿你们长大后，最好不必与黑钱先生打交道。"钱先生叮嘱道。

"刚刚那个声音是黑钱先生，你就是白钱先生，对吗?"吴小哲若有所思地追问道。

"不错，你很聪明，但是你只猜对了一半。"

"为什么只对了一半呢?"

"因为金钱世界里只有一个钱先生，但在你们人类的现实生活里，每个成年人却有可能遇到两个完全不同的钱先生。"

"这个事情一时也解释不清，这样吧，我带你们去我平时工作的地方看一看，你们就应该能够明白了。"钱先生补充道。

八、财富探查机

钱先生带着兄妹俩来到城堡旁边一间高大的圆形建筑。他们走进去一看，里边有一台巨大的机器。钱先生告诉他们，这是一台"财富探查机"。

"财富探查机"的外观宏伟壮观，整个机器以银白色为主色调，犹如一艘宇宙飞船，呈现出神秘而不可捉摸的气息。机器的顶部有一个由银色金属环绕的巨大球形装置，装置内部隐藏着巨大的动力源，为整个机器的运行提供动力。

机器的中央配有一套智能系统，它可以精确地控制屏幕的各项操作，使得所有的影像和音频都可以快速而准确地播放出来。机器的四周还有着各种各样的设备和工具，能够对各种场景展示进行调整和修改，让"财富探查机"在展示过程中更加及时准确。

"财富探查机"的外观设计相当精美，在阳光的照耀下闪耀着迷人的光泽。兄妹俩看着这台巨型机器，感到十分好奇。他们被庞大的机器吸引，同时也感到非常震撼。这些复杂的机器和系统似乎都有自己的意识，如同科幻片里的机器一般。

巨大的机器上布满了各类大小不一的屏幕。这些屏幕同时在播放着生动的影像,展现出各种熟悉或陌生的生活和工作场景:有的场景如同烟雾弥漫,让人不由心思迷茫;有的场景则清晰而生动,让人仿佛身临其境。

"这个财富探查机可以看到你们任何想看的东西哦。"钱先生看到目瞪口呆的兄妹俩,不禁提醒道。

"真的吗?那太好了。"吴小萌拍手称快起来。

"当然是真的,你们试试就知道了。"

"我每天最开心的时候就是爸爸妈妈接我放学的时候,我想看看可以吗?"

"当然没问题。"钱先生说罢，走到机器面前进行了操作，很快，机器最大的屏幕上出现了威尼斯小学校门口家长接孩子放学的影像。

"哇，真的是我们放学时的场景呢!"吴小萌惊喜地说。

"咦，好像有点不同。"观察细致的吴小哲发现了问题。

"哪里不同呀?"

"这里边的小朋友和平常一样，但是大人不一样。你看这个人，这是我们班同学小宝的爸爸，我认识，但是他现在怎么像个黑人一样? 同学们都知道他们家很有钱的，住别墅，他爸妈开着奔驰和路虎车呢。怎么可能是金钱的仆人呢?"

"这是小盈爸爸，正好相反，他全身是白色的。好像也没有听说他们家很富有，他不可能是金钱的主人啊?"吴小哲逐一点出认识的人。

"真的呢，他们的颜色完全相反。钱先生，为什么会这样啊?"吴小萌奇怪地望向钱先生。

"我们来看看他们怎么赚钱和用钱就知道了。"钱先生说完在机器上重新操作了一下。屏幕上单独出现了小宝爸爸的影像，旁边还有一串串财富数字。

"哇，难怪他们家这么有钱，原来小宝爸爸年薪有 100 多万元。我要是每年能赚 100 万元，肯定会买一辆超级豪华的房车。"吴小哲兴奋地笑道。

"嗯，小宝爸爸的收入确实很高，说明他很能赚钱，本来是非常容易成为金钱主人的，但是你再看看他是怎么用钱的?"钱先生随后在操作台上按了一个键。

屏幕上随即出现了一个黑色的大厅,大厅正前方坐着好几位黑钱先生,毫不耐烦地坐在那里等着。小宝爸爸恭敬地把一部分工资收入交到1号黑钱先生手中。

"主人,这是本月上交给您的房贷,5万元。"

"知道你这段时间日子不好过,但这是你的事,和我没关系,我可不管这些,我们可是签订了30年的主仆合同,还有22年呢。你还算不错,一直没有逾期。记住,如果逾期的话,我最多只会宽限你3个月,否则你的别墅我可就收回了。"1号黑钱先生冷冷地威胁道。

"是,主人,谢谢您的提醒,我一定会按时交钱的。"1号黑钱先生是小宝爸爸最害怕的主人,他每次说话都会小心翼翼。

"主人,这是本月上交给您车贷1万元。"

"嗯,知道了,交完这个月,我们的主仆合同只剩下2年了。"2号黑钱先生不耐烦地回答。

"主人,这是本月上交给您的3万元。"

"怎么又减少了。"3号黑钱先生听到小宝爸爸的话后,轻轻地叹息了一声。

"你夫人没有上班,全职教育孩子们,一家人全指望你的收入。你不知道你家的生活开销有多大吗?你们一大家子平时吃的、用的都是高档货,物业费、水电费、车油保险费一大堆,两个孩子的课余补习费,还请了一个保姆,这点钱哪里够啊。"

"我知道相对以前确实有点不够,但也是没办法,其他的主人都好凶,而且说到做到,只有您最好说话,就请您多包涵了。"

"别人看我有别墅豪车,但我自己清楚。我现在不敢请假,不敢休息,害怕生病,害怕遇到任何意外,表面光鲜亮丽,实际上我每天都在为钱发愁,是典型的新型穷人啊。"小宝爸爸苦涩地自嘲道。

小宝爸爸看着手中所剩不多的工资,叹了口气。相对于普通人来说,这工资其实已经不少了,但他交际应酬不少,每月人情开支也挺多,何况还有两个孩子在国际学校读书,学费不菲。现在经济萧条,他所在的公司正在裁员,不少熟悉的同事已经被迫离开。这几天他听到风声:公司可能要求高管要么接受大幅降薪,要么离职,公司会换一批年纪更轻、待遇要求更低的优秀年轻人顶上来。小宝爸爸的肤色似乎又黑了几分,脸上写满疲惫,眉头紧锁,显得忧心忡忡。他的眼里透着一股深深的无奈和焦虑,似乎对未来充满了不确定感和担心。屏幕最后的画面定格在小宝爸爸把路虎车停在家门前不远的地方,坐在车上抽着闷烟的镜头。

"原来大人工作生活这么不容易呀,看来当有钱人也没有想象中那么好。"吴小哲感叹道。

"大人工作生活确实不容易,小宝爸爸虽然收入高,超过了绝大多数人,但他可算不得有钱人。"钱先生说道。

"是他的钱还不够多吗?"

"不是的,即使他的年薪继续增加,但如果他没有正确的财富观念,长期来看他还是只能做金钱的仆人。要做真正的有钱人,不在于赚钱的多少,关键在于是否能做金钱的主人。我们可以来看看小盈爸爸的情况。"钱先生一边说,一边调出了一个新的视频。

屏幕里出现了一个和刚才一模一样的大厅,不过颜色是白色的。这次小盈爸爸坐在大厅的前面,下面站着几位白钱先生正在向他汇报。

"主人，这是公司这个月的分红。"

"主人，这是这个月收到的房租。"

"主人，这是今年股票的股息。"

"主人，这是债券的利息。"

"主人，这是出版社转给您的版税。"

"主人，这是专利使用费。"

……

一长排白钱先生先后进行了报告。小盈爸爸听完后，都只是微笑着点了点头，似乎这一切都是理所当然的事情。

"主人，我们上交的钱已经足够你们家的生活开支了，你为什么还要自己工作啊?"关系最好的 1 号白钱先生不解地问道。

"我喜欢自己的工作，而且这也是一份稳定的收入嘛。等以后哪天不想干了，我就不工作了。"小盈爸爸从容地说道。

"主人，你为什么不换一套更大更好的房子住? 以你现在的财力，就算买套别墅也没有问题啊。"

"不是我不能，而是我不愿意。我们现在住的房子本身就不错了，没必要为了所谓的面子去做对自己不利的事情。我可不想把你们这些好不容易培育起来的仆人们卖掉，而去换一套洋气的房子。我现在最想做的事情是培养更多仆人，同时让你们这些仆人变得更强大，帮我赚更多的钱。至于好房子好车子，我相信将来等你们足够强大的时候，每年上交给我的金钱就可以轻松实现。"

小盈爸爸看起来信心满满，自信从容地处理着自己的财务问题。他对于金钱方面的决策非常果断、精准，看起来不会受到金钱的干扰或控制。他的笑容中透着一种安逸和满足的感觉。他每天都在享受生活中的美好事物,无论是美食、旅游、购物还是其他娱乐活动,都完全不需要担心金钱的问题。他似乎很清楚自己的金钱状况,对于任何一笔开销都能明智地决策,以确保自己有足够的账户余额。作为金钱的主人,金钱是他实现梦想、享受生活、追求幸福的重要工具。屏幕最后的画面,定格在小盈爸爸轻松从容、满面笑容牵着小狗在公园散步的镜头。

"难怪小盈爸爸看起来总是笑呵呵的,他的生活真优雅啊。"吴小哲若有所思地说道。

九、赚取金钱的四种人

"你们的世界看上去千变万化，但从赚取金钱的方式来说，其实只有四种人，你们想知道吗?"钱先生看着兄妹俩似有所感，继续启发道。

"当然想了。"兄妹俩异口同声地说。

"大多数人是为别人工作，也可以说是为钱工作，这种人占50%，我常称他们为上班族。这种人最大的好处是收入稳定，不需要操心钱的来源，只要干好自己的事情，就可以从单位或者公司按月领钱。第二种人是为自己工作，包括开小店、小公司、小诊所等。这种人占40%，我称他们为自由职业者。这种人最大的好处是多劳多得，赚到的钱扣除成本开支外，都是他们自己的。"

"这两种工作类型的人占了90%。它们有一个共同点都是为钱工作，相对来说自己没那么自由。尤其是上班族，他们除了固定的节假日外，外出需要报告，有事需要请假，非常受拘束。自由职业者虽然是为自己工作，看似可以自由地安排时间，但其实如果他把手上的工作停下来，收入就断了，所以这种人一般不想停也不敢停下手中的工作。从某种意义上来说，这类人其实比上班族更累。"

"第三种是企业家，这种人占 7%。它的难点在于开始创业的时候需要大量资本和资源，最开始的时候还是比较辛苦的。但好处在于他们一旦把企业管理好，就能够获得源源不断的资金流，系统会为它赚钱。"

"最后一种是投资者，他们是用钱赚钱，这种人占的比例也很小，只有 3% 左右。为什么这么少？以后我会告诉你们原因。"

"你们还太小，很难理解成年人的世界。我这里有一张图，如果你们能看出图里包含的意思，应该就能够理解这四种人的不同了。"钱先生说罢，在屏幕上调出一张图，只见图的左边是一个钱袋牵着人，图的右边是人像遛狗一样牵着钱袋。

"你们先来看这张图，观察一下有什么特点？"

吴小哲仔细观察一阵后，突然兴奋地对钱先生说："我知道了，

你想过哪一种生活？

这张图有两个特点,前半部分是人被钱勒着脖子,过得很不舒服,钱是主人;后半部分是人很从容地牵着钱,人是主人。"

"你真是一个善于观察和思考的小朋友!"钱先生连连点头,忍不住表扬道。

"假如这是两种不同的生活,你选哪一种?"

"当然选择人牵着钱,自己当主人。"

"小萌,你是不是也是这样想的呀?"

"是的。"吴小萌肯定地点点头。

"不仅是你们俩,其实所有的人都是这样想的。成为金钱的主人,当然是人们向往的生活,但是所有的人都成为主人,事实上不可能。因为这不符合常识,就像金字塔一定是下边大上边小一样,绝大多数人注定是仆人。刚才我说过了,90%的人都是为了钱而工作,也证明了这个规律。

能够成为主人的人注定是极少数。金钱自身没有意识,你要它干什么它就干什么! 要它怎么干它就会怎么干!

至于能不能成为主人,其实取决于两点:第一,取决于人们赚钱的方式是轻松还是比较辛苦。你们看开始的两种人对比后面两种人的话,肯定是比较累的。第二,取决于人们有没有能力把这个钱留在自己身边,长期帮你干活,生出更多的钱。你看大多数是前面两种人,他赚了钱是不是很快在生活中用掉了? 虽然他们可以支配钱一次,但实际上支配完之后他们又要去赚新钱,所以他们本质上还是被钱在牵着走。大多数人注定要当金钱的仆人。

是主人还是仆人,取决于大家怎么用钱,怎么看待钱。人们都想做主人,但是怎么样才能做主人,这是一个值得深思的问题。

你们平时在家里用水的时候,是不是打开水龙头水就来了?看似简单,其实是因为之前有人在水源地和你们家之间铺好了自来水管道。其实在偏远的农村地区,很多地方还需要挑水,挑水是比较辛苦的,因为当天挑满水缸之后,隔几天还需要继续挑。

管道和挑水应用到投资理财中,恰恰体现出了财富积累方式的不同。

挑水本质是做加法,一月月,一年年,虽然稳定,但没有爆发增长的机会;而建立管道采用的是财富的乘法。这两种不同的方式,差异可谓天壤之别。

人刚刚步入社会时,获取财富的方式主要是做加法。大多数人的财富基数差不多,刚参加工作可能赚 5 000 元人民币或者 1 万元人民币一个月,看似相差 1 倍,但其实绝对值差别并不大。后来,人们的工资可能很快能增加到上万元甚至几万元的水平,但是大多数人到 40 岁或 50 岁时,加法带来的效果就不大了。绝大多数人工资达到 1 万或 2 万元后就会出现明显的瓶颈,很难再大幅提升一步。那些月薪达到 5 万元甚至 10 万元的人,再想提高到 20 万元,可能性就很小,提高到 50 万元则更难。这就是加法的局限性。

管道则不同。从投资来说,人们开始积累的时候即使只有 10 万元,但如果不断提高自己的投资能力,则能够慢慢积累到 50 万元。有了能力的加持,未来随着财富的增加,50 万元可能增长到 100 万元甚至 200 万元,同样的投资收益率,财富绝对值的增长会快得多,而且上不封顶。这时财富增长就是一种乘法。

你们要树立一种理念,就是要做金钱的主人,要尽早多建立自己的财富管道,培养自己的仆人。积累财富的秘诀其实很简单,就是不断增大、增多自己的赚钱管道。这本质上就是增加自己金钱仆人的数量,增强金钱仆人的赚钱能力。应在钱不多的情况下,积少成多;而在钱多的情况下,应让小富变大富。

正确的人生目标不是为了赚更多的钱,而是为了早日实现财务自由。财务自由这个概念比较广泛,大家感觉比较难以理解,其实财务自由只是人生中的一种财务状态。常见的财务状态有好几种。

第一种状态是人在干活、钱在休息。很多时候人们都是忙于工作,但是没有去理财,等于钱就在那里睡大觉。这是最不理想的状态。

第二种情况是大多数人本身在工作,同时钱也在工作,也就是人们赚到的钱除了用于满足生活所需之外,也被应用于投资。这是人到中年的常态。

再到后来,当人们的钱积累到一定程度之后,如果他的钱一直干活,他自己就可以休息。这是最理想的状态。

当人们每年钱生钱的收入超过自己每年的日常总支出的时候,即使他们不去主动工作,也能够在不降低生活质量的前提下长期生活下去。这种情况就算是实现了财务自由。财务自由并不在于钱的数量。有些人钱很多,但是他开支也很大,一样实现不了财务自由,这正是小宝爸爸的状态;相反,你们更应该向小盈爸爸学习。"

"总的来说,树立一个正确的财务自由的观念比赚钱本身更重要。"钱先生最后总结道。

"人生的三种不同状态,实际上正对应着社会中三种不同的人。第一种是人在干活,钱被闲置或没有存下余钱,这种人就会一直为钱而奔忙,永远都只能做金钱的仆人。第二种是人在干活,钱也在干活。这种人虽然一定时期内仍然是金钱的仆人,却是一个有思想、有准备的仆人,其未来仍有机会做金钱的主人。第三种是人可以闲着,而钱在干活,这种人真正成了金钱的主人。"

十、 压岁钱的理财之道

"我感觉自己好像明白了一点，但还是不太理解。"吴小萌难为情地说道。

"嗯，你们年龄确实小了一点，不太理解也正常。这样吧，我举个你们容易理解的例子吧。"钱先生善解人意地说道。

"你们说说看，自己的压岁钱是怎么处理的？"

"爷爷奶奶和外公外婆他们过年的时候给我大红包，但我这么小用不上大钱，而且我感觉他们年纪大了，自己更需要钱，所以我没有收他们的钱，每次只留下一百元和一些零钱。其他长辈给我的红包，我都交给妈妈了。"吴小萌自豪地抢先说道。

"嗯，你能这样做非常难得，是个懂事的好孩子。"钱先生表扬道。

"你的呢？"钱先生转头望向吴小哲问道。

"这是我和爸爸之间的秘密，我现在不能说。"吴小哲略带神秘地说道。

"那好吧，你们想不想看看其他小朋友是怎么处理压岁钱的？"

　　"我特别想知道小文的用法,因为她经常有钱买很多零食。"吴小萌饶有兴趣地说道。

　　钱先生在机器上操作了几下,调出了吴小萌同学小文处置压岁钱的画面。小文收到爷爷奶奶、叔叔伯伯和阿姨们给她的压岁钱之后,全然不听妈妈的劝阻,全部留下来放在自己的小柜子里,用它们买了各种各样的零食和玩具。小文妈妈对此也很无奈,只是一个劲地说小文不懂事,浪费大人的辛苦钱。

　　"你们觉得小文是金钱的主人还是仆人啊?"

　　"小文存的钱自己花,而且买的都是自己喜欢的东西,我感觉她应该算是金钱的主人。"吴小萌不太确定地小声嘀咕道。

　　"你说的也有一定道理,不过我们来分析一下,这个钱是小文自己赚到的吗?"

　　"不是,是她的长辈给的。"

"她的长辈给她发红包,她的爸爸妈妈要不要给她亲戚的小孩子们发红包?"

"应该要的吧,我看爸爸妈妈过年的时候发出去很多红包,所以我才把红包交给妈妈。"

"小文虽然不要自己付出就能得到红包,那是因为她还小,她虽然有处置红包的权力,但自己本身却没有赚取红包里金钱的能力。"

"这么说来,她确实不是金钱的主人,不过也不能算是仆人吧?"吴小萌不服气地反问道。

"还记得刚才我和你们说过,判断一个人是金钱的主人还是仆人,除了获取金钱的方式,还有另外一点哦。"钱先生耐心地启发道。

"小文应该是仆人,因为她没有把压岁钱留在自己身边,她只支配了钱一次,钱用完了就没了。"吴小哲立即补充说道。

"说得对,你听得非常认真嘛。"钱先生赞许地说道。

"钱先生,我想看看我的朋友小波和大头的压岁钱怎么用的,可以吗?"

"当然可以了。"说着钱先生就先调出视频。视频中显示,小波收到压岁钱后,都放进了自己专属的保险箱。大头则把压岁钱大部分交给妈妈,请她帮忙存进自己的银行账户,只留下一小部分用作零花钱。

"你们再判断一下,小波和大头是主人还是仆人?"

兄妹俩思考了一会,吴小萌抢先回答说:"他们应该都是主人。"

"小波不好判断,大头把压岁钱存在银行,可以赚到利息,肯定是主人。"吴小哲谨慎地回答道。

"小波把压岁钱锁在箱子里,虽然很安全,但也失去了让金钱帮他工作的机会。中国历史上有一个守财奴的故事,小波就是现代版的小小守财奴。而且你们身边都有一个'岁月神偷'哦,放在保险箱里的钱,锁得再好,每年也都会变少呢。"钱先生笑着说道。

"锁在箱子里的钱怎么会变少呢,难不成被人偷了?"吴小哲奇怪地问道。

"没有被偷,钱的数量是不会少的,但钱的作用会变小。举个例子来说,你爸爸妈妈他们小的时候,1元钱至少可以买两个鸡蛋,但现在1元钱一个鸡蛋都买不到了。同样是1元钱,你们说钱是不是变少了呀?"

"是的,我经常听爷爷奶奶说现在的钱越来越不值钱了。"

"这种钱越来越不值钱的现象,叫做通货膨胀,等你们长大了可以深入去学习一下,相信你们能够找到对付它的好办法。""大头把压岁钱存在银行,压岁钱就开始帮他工作,大头确实可以算是主人。你们知道银行利息是多少吗?"

兄妹俩都摇了摇头。

"银行那种随存随取的活期,利率是0.35%,1万元钱每天产生的利息是0.097元左右,1年总利息是35元。"

"才这么点啊,大一点的机器人玩具都买不到。"吴小哲吃惊地叫道。

十一、 教育储蓄

"大头选的这个仆人是不是能力弱了点啊。"钱先生反问道。

兄妹俩都点了点头。

"其实大头妈妈如果有基础的理财知识,完全可以让他的仆人变得强大很多。"

"他的仆人还可以变强吗?"吴小萌好奇地问。

"那当然,这里边的学问大着呢。同样的仆人,使用方式不同,能力就会相差很大。以大头的压岁钱为例,大头妈妈只要把这活期改存为教育储蓄就行。教育储蓄是指大人为其子女接受非义务教育积蓄资金,是每月固定存额、到期支取本息的一种定期储蓄。同样的钱,能让这个仆人强大8倍。"

"这不可能吧。"兄妹俩不可思议地望向钱先生。

"事实就是这样啊。教育储蓄开户后,虽然每次都是临时存的,但银行却会按5年期整存整取定期储蓄标准支付利息,现在的利率虽然整体降低了很多,但5年定期还是有2.75%的利息,你们算一算,比活期是不是强多了。"

"确实是增大了差不多 8 倍,1 年可以赚 275 元钱,那还是能买不少玩具了。"计算能力很强的吴小哲兴奋地回答。

"教育储蓄的意义非常重要,它不仅关系到你们孩子个人的成长,其实还关系到家庭的幸福和整个社会的进步。想象一下,你们的父母希望能给你们提供最好的教育,但是教育费用却很昂贵。这时,教育储蓄能帮助你们提前准备好足够的资金,确保你们接受良好的教育。这包括支付学费、购买课本、学习材料和其他学习所需的费用。这不仅能提高你们的学习能力,还能增加你们未来的就业机会。

教育储蓄不仅仅对储备教育资金有益,对你们个人未来的学习和职业发展也非常重要。通过教育储蓄的实践,你们可以很早就开始财商的学习,提高个人的技能和知识水平。这将帮助你们未来增加竞争力,为就业发展打下坚实的基础。

教育储蓄还有助于提高家庭的经济稳定性。通过提前储蓄,你们的爸爸妈妈可以在你们上学期间减轻经济压力,避免家庭因为教育支出而陷入财务困境。这样他们可以更好地应对其他生活费用,并保持经济上的稳定。

最重要的是,教育储蓄对整个社会的发展会产生积极影响。通过提高教育水平,国家可以培养更多的人才,为社会提供更多的智力资本和技能。这有助于推动技术创新、经济发展和社会进步。

教育储蓄是国家专门针对你们小朋友的一种优惠政策,初衷是帮助你们从小养成良好的储蓄和理财的习惯。当然,这种方式也有一定的限制,不是随便什么人都可以办理的。

"钱先生,快点告诉我们怎么办吧。"吴小哲焦急地问,他可不想错过这个强大的仆人。

"教育储蓄实行实名制。小朋友在大人的陪同下,持本人户口簿或身份证到银行以储户本人的姓名开立存款账户。1年期、3年期教育储蓄按开户日同期同档次整存整取定期储蓄存款利率计息;6年期按开户日5年期整存整取定期储蓄存款利率计息。教育储蓄在存期内遇利率调整,仍按开户日利率计息。积少成多,既适合为你们小朋友积累学费,也是培养理财习惯的储蓄方式。"

"真是太神奇了,同样存在银行,仆人的能力差别这么大!"吴小萌惊讶地叹道。

"不过,现在大多数银行已经取消了这种产品,只有功能和收益类似的保险产品。"看到兄妹俩露出明显失望的表情后,钱先生补充道:"你们不用遗憾,事实上,如果大头的压岁钱换一种仆人,差别会更大哦。"钱先生微笑地说道。

"这个仆人还可以换的吗?"

　　"当然,把钱投入不同的地方,就会产生完全不同的仆人;同样多的金钱,仆人们的产出相差也很大,有时甚至是天壤之别呢。"

　　"真的吗? 请快告诉我们吧。"

十二、定投指数基金

"我在介绍这个新仆人之前,先问你们一个问题:你们知道现在世界上投资最厉害的人是谁吗?"钱先生问道。

"我听爸爸说过,是美国的巴菲特。他靠投资曾成为世界首富,就算是现在,他也是世界上排名前十的大富翁。"吴小哲崇拜地答道。

"说得对,巴菲特被世人称为股神。如果他现在教你一个肯定能够赚钱的方法,而且你很容易就能学会,你会按照他说的去做吗?"

"当然会啦,投资这么厉害的人教的方法肯定是最好的方法,学会了不去用,那不就是笨蛋吗?"

"你这个小朋友都明白的道理,成人的世界却没有几个人真正去做。你们人类有时候真的挺笨的。"钱先生喃喃自语道。

"钱先生,快点告诉我们那个更好的仆人是什么吧。"性急的吴小萌催促道。

"嗯,其实这个仆人和教育储蓄有点像,它也是一种类似于银行零存整取的理财方式,是一种以相同的时间间隔和相同的金额申购某种指数基金产品的方法,它的名字叫做定投指数基金。

基金定投的初衷是为不熟悉资本市场、没有时间和能力去挖掘个股但又希望参与市场行情且拥有稳定经济来源的投资者而设计的。定投时没有时间的要求,但坚持的时间越长越好,是缺乏经验的投资者进入投资世界的最佳敲门砖。

基金定投最大的好处是可以平均投资成本,因为定投的方式是不论市场行情如何波动,都会定期买入固定金额的基金。当基金净值走高时,买进的份额较少;而在基金净值走低时,买进的份额较多,即自动形成了逢高减筹、逢低加码的投资方式。

指数基金投资的是指数本身,指数样本股是全部上市股票,它反映的是所有股票的整体变动情况。指数基金可谓长生不老,公司可以破产,朝代可能更迭,但是指数基金不会。只要国家经济发展,指数基金就会一直存在,不存在消亡的风险。投资指数,就是投资整个国家经济,因为经济在不断发展,优秀企业不断上市,指数必然稳步向上,长期投资是必赢的结果。从中国和欧美等发达国家证券历史规律来说,指数确实是一直向上的,只要能够坚持足够长的时间,一定能够实现稳赢。

因为指数基金较少受到人为因素干扰,只是被动地跟踪指数,在中国经济不断增长的情况下,长期定投必然获得较好的收益。

对于定投指数基金的收益,官方和民间都通过不同的方式测算过。如果定投能坚持 10 年以上,收益率将达到 10% 左右。相对于教育储蓄 2.75% 的利率,这个仆人是不是又强大了很多?"钱先生笑呵呵地问道。

"哇,10%的话,1 万元钱 1 年可以赚 1 000 元,比 275 元又多了 3 倍,这个仆人更强大了。"吴小哲兴奋得跳起来。

"这个我听不懂,感觉好难呀。"吴小萌抱怨道。

"刚刚接触一个新知识,肯定会觉得比较困难,不过如果它对你有很大的帮助,是不是值得去认真学会呢?"

"我肯定是要学会的。"吴小萌坚定地握了握拳头。

"嗯,我相信你肯定能学会。金钱作为仆人,本身对人和事是没有任何偏见和喜好的,仆人能力的大小,取决于主人对财富认知能力的高低。你们如果要想做金钱的主人,就需要不断提高自己的能力。只有主人的能力越强,才有资格驾驭本领更大的仆人为主人服务。"钱先生语重心长地跟兄妹俩耐心解释。

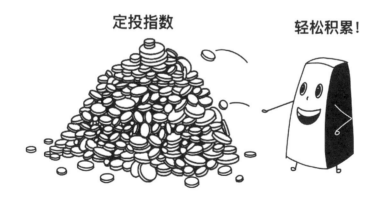

十三、巴菲特的大力推荐

"你们虽然是小朋友,但其实学会控制定投指数基金这个仆人并不难。"钱先生对信心不足的吴小萌安慰道。

"事实上,正是因为它通俗易懂、操作简单,巴菲特在不同的场合都大力推荐。

早在1993年巴菲特第一次推荐指数基金时称:通过定期投资指数基金,一个什么都不懂的业余投资者竟然能够战胜大部分专业投资者。

1996年,巴菲特在致股东的信中说,大部分投资者,包括机构投资者和个人投资者,早晚会发现,最好的投资股票方法是购买管理费很低的指数基金。

在巴菲特2003年致股东的信中也说到,对于大多数想要投资股票的人来说,最理想的选择是收费很低的指数基金。

2007年,巴菲特在接受电视采访时强调,对于绝大多数没有时间研究上市公司基本面的中小投资者来说,成本低廉的指数基金是他们投资股市的最佳选择。

2008年5月3日，在伯克希尔股东大会上有人问：'巴菲特先生，假设你只有30来岁，没有什么经济来源，只能靠一份全日制的工作来谋生，根本没有很多时间研究分析，但是你已经有笔储蓄足够维持一年半的生活开支，那么你攒的第一个100万元将会如何投资？请告诉我们具体投资的资产种类和配置比例。'巴菲特哈哈一笑回答：'我会把所有的钱都投资到一个低成本的追踪标准普尔500指数的指数基金，然后继续努力工作。'"

"巴菲特说了这么多年，还是有人不以为然，不太相信。巴菲特干脆用真金白银进行了一个'十年赌局'，这个故事你们想不想听呀。"钱先生微笑着说道。

"想听想听，钱先生你就不要吊我们胃口了，快点说吧。"兄妹俩迫不及待地回答道。

"巴菲特有一个好朋友，他是亚马逊的创始人，名叫杰夫·贝佐斯。他创建了一个长赌网站，谁想赌什么，可以在上面发个赌约。正反两方分别下注，把钱打进去，谁赢了，就将这些钱捐献给赢的那方所指定的慈善机构。只要双方同意，猜什么都可以，比方说第一个走出教室的同学，跨出门槛时是先迈左脚还是右脚之类的都可以，非常有意思。

巴菲特认为这个方式很好，有趣、好玩，又能为慈善做贡献。于是他就在这个网站上发起了一个赌局：巴菲特赌私募基金不能长期战胜市场。巴菲特作为正方，赌私募基金输而市场会赢。他派出的选手就是标准普尔500指数基金，类似于中国的沪深300指数基金。而反方可以任意选出5只私募基金，取其平均业绩作为代表，赌期是10年，从2008年一直到2018年，业绩衡量标准是扣除所有费用之后的基金净值。

你们小朋友可能听不懂,简单地说,巴菲特他自己什么都不干,就用买入指数基金的办法,用这个仆人打败那些专门做投资的人。

巴菲特发出这个赌约后,以为基金经理会排着队前来应战,结果等了半年都没有人来。然后他接着等,后来终于有一家私募基金公司应战,就是门徒投资公司创始人兼总经理泰德·赛迪斯。他选了 5 只基金,以其平均业绩来跟巴菲特选的标普 500 指数基金对抗。"

"你们猜最终谁赢了?"钱先生狡黠地问道。

"巴菲特肯定很厉害,但是他什么都不做,岂不是捆起自己的手脚和别人去比武? 他再厉害应该也打不赢吧。"吴小哲想了一想,反问道。

"我们还是用事实说话吧。2018 年 10 年赌约期限到期,结果也出来了。巴菲特的标普 500 指数基金业绩是 85%,门徒公司挑

选的这 5 只私募基金业绩是 22％。可以说巴菲特完胜：其挑选的指数基金要比门徒公司挑选的私募基金业绩高出 3 倍。巴菲特用铁的事实证明了指数基金的强大生命力。"

　　"真是太不可思议了。"吴小哲听到结果后，感到十分惊奇。

十四、大学教育基金

"这下大人们肯定都会用巴菲特的好办法啦。"吴小萌插话道。

"哈哈,事实并非如此哦。很多人知道这件事情,也听说了这个能干的好仆人,但用的人并不太多呢。"

"这是为什么呢?"吴小萌疑惑地反问。

"因为这个方法一般需要持续定投5年以上,甚至需要10年才能见到效果。很多人对指数定投的方法不屑一顾,认为这是见效极慢、收益极低的笨办法。其实这种方式就是对投资人耐心和恒心的奖赏。有人把定投指数基金的这种方法命名为'老僧入定'。定投指数基金讲求的就是定力,我感觉还蛮形象的。"

"钱先生,快教我们具体怎么做吧。"吴小哲催促道。

"不用急,这可能是世界上最简单的投资方式了,非常容易,全部过程只需要10分钟就可以搞定了。它更大的优点是,做完这10分钟,你一次搞定后便再也不用去打理。这个仆人接下来就会尽心尽力地帮你们赚钱啦。"钱先生轻松地说道。

"第一步:确认一家认可的基金公司,在国内比较大型的易方达、华夏、嘉实、南方等基金公司都可以；第二步：在这家基金公司官网按要求注册；第三步：将你们爸爸妈妈帮你们开设的银行账号与刚注册的基金账户绑定，选好想要定投的指数，如沪深 300 或者中证 500，设定好每月定投的具体时间和金额。"

"全部结束了？就是这么简单吗？"吴小哲看钱先生没有再说话，就奇怪地问。

"呵呵，就是这么简单。是不是和储蓄存款一样简单啊。事实上，你只需要请自己爸爸妈妈帮你把基金账户开好，然后其他的都不用改变，每年都把压岁钱存银行就行了。如果你们小朋友开账户不方便，直接用爸爸妈妈的账户也是一样的。"

"假如每年收到的压岁钱是 12 000 元钱，可以请爸爸妈妈帮你一次性存到银行卡上，同样是每年跑一趟银行就行了。设定每个月定投 1 000 元钱，其他工作都是银行和基金公司自动会帮你完成，每个月银行卡都会按时按量自动扣款。这些资金细流就是你的士兵，他们像一队队英勇善战又绝对忠诚的士兵，源源不断地替你去打一场必胜的战役。"

"我什么事情都不要做，就能每年赚 10％吗？"吴小哲不可置信地问道。

"你还需要做一件事情。"

"什么事情？"

"就是把这件事情忘记，是彻底地忘记！"哈哈！钱先生大笑起来。

"其实这和教育储蓄是一样的，存完银行后确实是什么都不要做了。要说不同的话，还是有点不同。"钱先生正色道。

"定投指数基金并不完全像教育储蓄一样净值一直稳步向上。如果人们经常去观察的话,就会发现它每天都会波动,有时候它一天的变化可能比教育储蓄一年的变化还大,甚至可能出现亏钱的情况。但是如果不去看它,它就真的和教育储蓄一样不会对你产生任何影响。你要相信股神巴菲特的说法,过几年后,平均下来,你肯定能取得每年 10% 左右的收益。"

"其实做到这一点并不难,你们就把它当成是教育储蓄好了,目标一样,做法也一样,只是具体的执行有一点不同罢了。这就相当于是你们自己专属的独有的大学教育基金。"

"你现在读四年级。如果你能和爸爸妈妈坚持定投指数基金 8 年,等你读大学的时候,你压岁钱的本金累计投入达到 9.6 万元,每年 10%,本息到时可以达到 17 万元,足够你读大学学习和生活所需了。如果运气好的话,甚至有机会 8 年就涨一倍,本息达到 20 万元呢。"

"真的吗?那太好了,需要什么样的好运气呢?"吴小哲兴奋地问道。

"中国股市成立以来,除了最初极不规范的 3 年,股市每 7 年内都会出现一次极高极低点,高低点幅度相差 3 倍以上,是一个波动极大的市场。因为采用定投指数基金,成本只可能是相对底部,绝对拿不到最低点;如果定好目标,只赚 1 倍就出手,必然卖不到最高点;在不贪心的前提下,利用股市大波动,虽然吃不到鱼头和鱼尾的那 1 倍,但吃到 1 倍的鱼身还是完全可以实现的。长期坚持定投,就是要争取在底部买足份额,拿到一个相对底部的平均价,并耐心等待大牛市,机会一到,就整体卖出一次,赚 1 倍完全是有可能的。"

"我是小孩子，又是学生，哪里知道什么牛市，哪有时间管这些，而且根本不知道怎么卖出呀。"吴小哲为难地问道。

"不用担心，你完全不用管这些，不懂也没关系。你只要每年过年，长辈们给你发压岁钱的时候注意一件事情就行了。"

"注意什么事情呢？"

"过年的时候，你用心观察一下，如果某一年大人们都在兴高采烈地聊基金和股票，都赚了钱，你就请爸爸妈妈帮你看一看你在基金公司开的账户，如果涨幅不大，不理它；如果涨了1倍以上，就让你爸爸妈妈把你这些年买的指数基金全部卖掉，换存为银行定期就行了。"

"这是个好办法，也不会影响我的学习。这个很简单，我肯定能够做到。"吴小哲如释重负，开心地笑了。

"其实这种方法早已经深入每个人的生活：你爸爸妈妈他们每个月工资中扣除的公积金、养老金等就是国家强制进行的'定投'，而且投资周期伴随他们整个工作生涯。可惜的是国家基金多数投资国债等稳健产品，收益率极低，甚至跑不赢通货膨胀；导致时间越长，运作难度越大，养老保障金存在入不敷出的风险。如果你爸爸妈妈也能像你的'大学教育基金'一样，尽早构建一个自己独有的'退休基金账户'，相信他们在退休的时候能轻松自如得多哦!"

　　细心的吴小萌听了非常高兴,心里暗暗地记牢了钱先生的话,打算回家后立即把这个好消息告诉爸爸妈妈。

十五、变富的第一原则

"你们可别小看教育储蓄和定投指数基金这两个仆人,它们虽然操作起来非常简单,但也蕴藏着重要的财富经验,充分展现了变富的第一原则。"钱先生补充道。

"变富的第一原则是什么呀?"吴小萌好奇地问道。

"无论在什么情况下,将收入的 1/10 存起来并让它增值,这个原则可以帮助人们慢慢积累财富并取得更好的经济状况。"

"存储一部分收入是财务健康的基石,而投资增值则可以让财富持续增长。无论你的收入是多少,这个原则都适用。假设一个人的月收入是 5 000 元,根据这个原则,应该至少将 500 元长期存起来。"

"为什么要这样做呢?"吴小萌继续问道。

"只有将收入的 1/10 存起来,才能逐渐积累财富。这个原则看似简单,其实需要人们有正确的财商理念和很好的执行力。如果能够一直坚持下去,那么财富增值之路将会更加光明。存储并让财富增值,慢慢变富的道路才会不断开阔。"

"那些存下一部分收入不花的人,财富来得就会更容易。那些经常口袋空空的人,财富就会躲开他,这种人通常称为月光族。"

"什么是月光族?"又是一个没听过的名词,吴小萌好奇地问道。

"月光族指的是那些经常在月底面临资金短缺,无法支付日常开销的人群。他们往往花尽了每一个月的收入,没有储蓄和紧急备用金。他们通常也没有储蓄、投资或理财的习惯,每个月的收入几乎都用于支付基本生活费用,甚至需要通过借贷来填补支出的缺口。

月光族的财务风险很大,由于没有足够的储蓄,他们可能会频繁依赖信用卡和借贷来支付开销,这也意味着他们会积累更多的

债务。高利率的信用卡债务和借贷会增加他们的负担,导致利息支出增加

人们在生活中难免会出现紧急情况,例如面临车辆维修、突发疾病等突发事件。对于月光族来说,这些紧急情况可能变得难以应对。他们可能不得不借债或者向朋友或家人寻求帮助,这会进一步加重他们的财务压力。

缺乏储蓄和投资的月光族很难实现长期的财务目标,如购买房屋、子女教育、退休等。他们的财务状况无法稳定,也无法为未来做好准备。经济上的困境会给月光族带去巨大的心理压力,由此,月光族经常会焦虑不安。他们会不断地为金钱问题而烦恼,从而影响到他们的身心健康。一般来说,月光族会一辈子当金钱的仆人。"

"我可不想做月光族。"吴小萌听后吓了一跳,赶紧表态。

"我告诉你们一个秘密。"钱先生神秘地说道。

"什么秘密?"

"其实你们人类即使不把 1/10 的收入存下来,这些钱也会消失的;相反,那些主动把 1/10 收入存下来的人,会惊讶地发现,这样做其实对他们生活没有产生什么负担和影响。黑钱先生不同意我把这个秘密告诉人们,因为这正是你们人类成为仆人还是主人的关键。"钱先生轻声说道。

"当然,仅仅存钱还不够。一定要让存下来的钱增值,才能让自己的财富慢慢增加。这个过程中就需要将存款进行投资。投资有许多种形式,包括教育储蓄、定投指数基金、股票、房地产等,可以根据风险承受能力和个人喜好做出选择。

教育储蓄和定投指数基金这两个仆人最大的优势是足够省心、足够忠诚。你一旦培养了它们，就根本不需要去管它们，就算你当它们不存在，它们也会让你的财富持续不断地增多。它们非常适合你们小朋友或者完全不懂投资的人，是非常省心而可靠的投资方式。

　　最重要的是要保持耐心和长远的眼光。投资并非一夜暴富的工具，而是一个长期积累和增值的过程。要树立正确的投资理念，不要被短期的波动迷惑，要坚守原则，并相信时间的力量。应让你留存下来的每一分钱都为你工作。它们会像不断繁殖的动物一样，不断增加你的财富。

　　财富就像一颗种子，你越早播种，财富之树就会越快开始生长。你持续不断地储蓄，你越虔诚地为这棵财富之树浇水施肥，就能越快地享受到它的荫庇。

　　财富之树从一颗种子开始生长，只有通过持续的储蓄和专注的投资，才能看到财富之树茁壮成长，并从中获取丰厚的回报。种子的大小取决于个人的经济实力和目标。关键是马上开始行动，尽早播下财富的种子。一旦种子播下，则需要持续不断地储蓄和投资，为财富之树提供源源不断的养分。在储蓄方面，你可以制定合理的预算并坚守，控制消费，合理规划开支。投资是让财富之树成长的关键。在投资过程中，你需要学习基本的投资知识和技巧，了解市场走向，分散风险，并随时调整自己的投资组合。

　　财富之树的生长需要耐心与耐力。就像种子需要时间发芽，财富也需要时间积累和增值。要保持积极的心态，不因短期波动而盲目行动。同时，要耐心等待，让投资产生回报，并逐渐实现财务目标。在这个过程中，需要不断学习和更新自己的知识。经济形势和市场环境不断变化，你需要了解新的投资机会、风险因素和策略。只有通过不断学习和适应环境，才能更好地把握财富生长的机会。

持续地储蓄和投资，耐心地等待，财富之树将不断地茁壮成长。当财富积累到一定程度时，你将开始享受财务自由的荫庇。财务自由意味着你可以自由选择自己的生活方式和职业，不再受制于金钱。财务自由让人能够追求自己热爱的事业或兴趣，实现自己的梦想；让人更好地支持自己和家人，为子女提供更好的教育，并享受旅行和休闲的乐趣。财务自由可以给予人们更大的选择权和安全感，让生活变得更加充实和美好。"

钱先生对怎么实现财富增长和财务自由娓娓道来。兄妹俩听得津津有味。

"我一定要很早就种下自己的财富之树。"吴小萌握紧自己的小拳头，坚定地说。

十六、 少年巴菲特的赚钱史

"钱先生,定投指数基金比教育储蓄厉害多了,请问还有更厉害的仆人吗?"吴小哲问道。

"当然有了,这个仆人就是股票投资,最厉害的投资人股票投资的长期年化收益能够达到20%。"钱先生回答道。

"哇,比定投指数基金又增强了1倍,比教育基金强了近8倍,比活期存款更是强大了快60倍;真是一山更比一山高,实在是太厉害了,你能教教我吗?"吴小哲迫切地问道。

"你现在年满10岁,小萌也已经满8岁,虽然大人们传统观念里可能认为你们都还小,但其实这个年龄是可以接触这方面的知识的,而且学习早、起步早,长期下来会有很大的优势。"钱先生说道。

"太好了,钱先生你快和我们说说吧。"吴小萌拍着手,欢快地说道。

"有一位从美国那边的书籍时空通道进入金钱世界的小朋友,他简直天生就是金钱的主人,善于学习、足够自律、很会积累、敢于行动,很小就有了很多很强的仆人。时间过得真快,到现在已经快一百年啦。"钱先生若有所思地追忆道。

"你们想知道巴菲特是什么时候开始了解股票的吗?"钱先生突然卖着关子问道。

"不吊你们胃口啦,巴菲特 7 岁的时候就开始学习股票知识了呢。"看着兄妹俩沉吟半晌没有答案,钱先生继续说道。

"哇,比我还小一岁呢。"吴小萌惊讶地叫道。

"事实上,巴菲特在 5 岁的时候就开始靠自己赚钱了。他最先只是将自己喝完的饮料瓶聚集起来再卖掉,跟现在积累矿泉水瓶卖差不多,钱虽然极少,但总是一笔收入。

不仅是被动地收集饮料瓶,小巴菲特还选择主动出击,上门去推销口香糖和可口可乐。巴菲特的爷爷有一家杂货店,他就从爷爷那里买几包口香糖,用他姨妈给他的一个小小的绿色盘子装着,去挨家挨户推销。虽然他年纪很小,但很有原则,5 片一包的口香糖必须按包卖,一包 5 美分。有位女士想只出 1 美分买一片,被他拒绝了,原因是如果拆开来卖,剩下的四片就得花功夫卖给其他人,太冒险。是不是很有想法啊?卖 1 包口香糖,他能赚 2 美分。

至于可口可乐,小巴菲特会把可乐的红色包装纸打开,在夏天的晚上挨家挨户去卖,他甚至跟家人出去度假的机会也不放过,水岸边晒日光浴的人,都被他推销过。每卖 6 瓶可乐,他就能赚 5 美分。这个生意就比口香糖来钱快多了。挣来的钱,他用一个零钱罐装着,从不轻易使用。

小巴菲特 6 岁的时候,除了偶尔进行那些零散的小项目,还开始做骑自行车送报纸这份固定的生意。现如今巴菲特创办的伯克希尔公司每年的股东大会都有一个惯例,那就是与巴菲特比赛扔报纸,因为 6 岁开始送报纸是巴菲特投资的开始。

当然,小巴菲特并不是做什么事情都一帆风顺。一开始,他不仅赚钱辛苦,也遇到过不少麻烦。

9 岁的时候,小巴菲特和朋友在高尔夫球场附近捡一些旧球清洗干净后卖掉,结果警察接到举报,把他们赶走了。

快 10 岁时,小巴菲特在大学橄榄球比赛期间,在看台上售卖花生和爆米花。他在看台上一边吆喝,一边熟练地递货、收钱,也赚了不少钱,但也遇到过收货不给钱的人。

小巴菲特在其他方面很害羞,但涉及钱的时候,他从不害怕,总是敢于主动出击,被身边人称做财迷。对此,他不仅不反感,反而非常高兴。

12 岁那年,小巴菲特上初中了,父亲霍华德举家搬迁到华盛顿,他仍然用送报纸来赚钱。每天凌晨 4 点半,他早起坐公交车赶到会合点,收取成捆成捆的报纸,然后挨家挨户去送。这个过程是非常辛苦的,不过送报纸也可以赚不少钱。巴菲特非常聪明,他 13 岁的时候说服了负责路线分配的经理,把属于成年送报人的区域也分给他。因为这条线路上有 6 位美国参议员,有军队的上校和高级法院的法官,都是些大人物,且数量又多,每天送几百份报纸出去,他赚得更多了。

14 岁的时候,经过多年的努力积攒,小巴菲特的储蓄总额达到了 1 000 美元! 到了 15 岁,因为送报纸,他的储蓄达到 2 000 美元。你们不要小看这笔钱哦,它的购买力相当于现在的 20 万美元呢! 如果在中国的话,这可是妥妥的百万富翁啦。"

"大家都说巴菲特厉害,没想到从小就这么厉害啊,15岁就成了百万富翁。"吴小哲若有所思地说。

"这么多钱啊,是不是可以买一屋子的甜筒冰激凌了。"吴小萌羡慕地说道。

"巴菲特最聪明最厉害的地方就在于他没有把这笔钱随便用掉,而是用它买下一个40英亩的农场,自己不管理,租给一个农户,和对方平分利润。从此,这笔钱就一直稳定地为他赚钱,成了他一辈子最忠诚可靠的仆人。

16岁升上高中后,巴菲特已经把自己当作半个商人了,仅仅靠每天送报纸,他一个月赚的钱比他的老师都多呢。"

17岁时,巴菲特又找到一个新生意:说服理发店的老板,把投币弹子机放在理发店的旁边。这有点像现在的那种街边投币游戏机。这样顾客在等待理发的时候可以玩游戏机。赚到的钱巴菲特和老板平分。这个生意利润极高。一台二手的投币弹子机价值2500美元,而一台机器在理发店放上一周后,巴菲特和老板平分之后的收入就超过弹子机的成本,之后他就是纯赚了!很快,他的七八台弹子机被摆放到其他的理发店边上。巴菲特又多了一条生财之道。

你们看,小巴菲特是不是从小就培养了很多金钱的仆人啊?

"小巴菲特真是太厉害了,不要说和我们小朋友相比,实际上他这么小已经做到了很多大人都做不到的事情。"吴小哲由衷地叹服道。

"嗯,说得对,小巴菲特确实非常了不起。不过相对股票投资这个最强大的仆人,这些仆人还是太弱小了。"钱先生继续说道。

"钱先生,你继续说吧,我可是一直都在洗耳恭听呢。"吴小哲说完,听得更仔细了。

"巴菲特 7 岁开始对股票感兴趣,8 岁起主动阅读父亲关于股票的藏书,10 岁时就读完了家乡城市奥马哈当地图书馆与股票有关的书籍呢。

巴菲特为什么能成为世界上投资最厉害的人啊?不仅是因为他聪明且勤奋,更重要的是他投资起步特别早。他在 10 岁的时候就读到了很多大人一辈子都没有读过的投资知识,后来他一辈子专注在投资这个行业,怎么可能不厉害呢?!"

"你们想知道巴菲特 10 岁的时候,向爸爸讨要的生日礼物是什么吗?"钱先生突然神秘地问道。

"很想知道,是什么东西呀?"兄妹俩问道。

"巴菲特告诉他的父亲,10 岁生日想做三件事:一是想去看看斯科特邮票和钱币公司,这是因为他喜欢收集;二是想去看看莱昂纳尔火车模型公司,这是他最爱的玩具;三是想去看看纽约股票交易所,这是美国买卖股票的地方。"

"巴菲特 10 岁生日时的这些想法好酷哦。"吴小哲由衷地赞叹道。

"嗯,不错,我们确实可以看出巴菲特从小就非比寻常呢。"钱先生继续说道。

"这次独特的生日旅行期间遇到的一件小事,让巴菲特从小就看到金钱的力量,对未来产生了强大的期待,确定了他为自己工作的志向,并深深地影响了后来的巴菲特。"

"是什么样的小事对他产生了这么大的影响?"吴小哲充满好

奇地问道。

"巴菲特的父亲按照约定带他去纽约股票交易所。除了大开眼界外,细心的小巴菲特发现交易所内有一个人拿着个盘子,而盘子里放着各种不同的烟草叶,接待他们的交易所职员可以选择自己喜欢的烟叶,请这个卷烟工为其卷一支香烟。这在当时是一种非常昂贵和奢侈的特殊服务。善于观察和思考的小巴菲特马上意识到,因为股票交易所里资金源源不断,所以交易所才可以专门雇用一个人来卷烟。而那时其实股市刚从崩溃中开始复苏。小巴菲特常听爸爸说,全国性的大萧条还没完全结束,很多人连吃饱饭都有问题,现在这些人居然可以雇用一个人来提供定制香烟。这只能说明,这里是金钱的融汇之地,在这里赚钱太容易了,相对自己辛苦做小生意赚钱,做股票类的金融投资实在幸福多了。

还有一件小事对巴菲特的影响也特别大,进一步加深了巴菲特学习金融投资的决心。"

"钱先生,你快说给我们听吧。"兄妹俩听得津津有味,迫不及待地说道。

"12 岁那年,巴菲特开始在爷爷的杂货店打工。在杂货店里,爷爷像国王一样指挥所有人干活,包括自己家的成员,而且要求极为严格。

有一次遭遇暴风雪,爷爷花钱请巴菲特和他的一个朋友铲雪。两个孩子在严寒里干了足足 5 个小时,清扫了停车路面、卸货点、车库周围厚厚的积雪。到最后,他们累得连手指头都伸不直了。"

"你们猜这 5 个小时他们赚了多少钱?"钱先生笑呵呵地问道。

"这么累,这么辛苦,应该能赚不少钱吧?"吴小萌回答道。

"你还真是小朋友,想得太天真啦。

他们的工钱是每小时 20 美分,一共才拿到 1 美元,还得两个人平分,当时的 1 美元虽然相当于现在的 100 美元,但他们辛苦干活 5 个小时,每人却只分得了 50 美元钱。

巴菲特后来回忆说,他感觉自己像一名奴隶。他在杂货店工作的收获只有一个,那就是知道自己不喜欢体力活。他还说体力活儿是笨蛋干的工作。离开杂货店后,他虽然也干过体力工作,但是得出了同样的结论,他确实不喜欢体力劳动。

这两件小事情一方面让巴菲特看到了金融投资的巨大潜力;另一方面他也切身感受到了体力劳动不仅异常辛苦,而且收入微薄。在强烈的对比之下,小巴菲特越来越向往从事金融投资那种事业,不需要付出辛苦的体力劳动,又能轻松赚大钱。

从自己打工的经历中,巴菲特了解到自己的优势,明确自己厌弃的工作,很小的时候就体会到了金钱的价值。他下定决心,一定要挣到很多钱。因为他觉得钱可以让自己独立,然后他就可以用一生去做自己想做的事。而他最想做的事就是不受别人的拘束,只为自己工作。巴菲特知道自己想要什么,他的信念一直没有变。巴菲特小小年纪已经明确对金钱的渴望,对未来有了清晰的认识,而且他后来将这个信念坚持了一辈子。

小巴菲特不仅敢想,而且还敢说敢做。小学五年级的时候,他在朋友家的门阶上正式宣布自己 35 岁时会成为一名身家百万美元的富翁。巴菲特在 11 岁的时候就进入股市,购买了人生第一只股票。虽然起步很早,但他仍然经历了好几年的反复折腾。直到

19 岁他读完投资大师格雷厄姆写的《聪明投资者》，才找到自己正确的投资方向。20 岁时他就读哥伦比亚大学，正式拜格雷厄姆为师。25 年之后，他真的兑现了儿时成为百万富翁的目标，而且身家远远超过了 100 万美元。2008 年，78 岁的巴菲特更是依靠投资成为世界首富。"

"钱先生，你为什么对巴菲特小时候的事情知道得这么清楚？"吴小哲好奇地问道。

"哈哈，因为巴菲特就是那个从美国书籍时空通道进入金钱世界的小朋友啊。他确实很有天赋。如果没有我的指导，他也不会这么早就取得成功，成为金钱的主人哦。"

"哦，难怪他那么小就有这么多仆人了，原来是有你在指点啊。"吴小哲似有所悟地说。

"通过金融市场的投资，巴菲特不仅自己早早地成了百万富翁，还带领身边的亲戚、朋友、同学、老师共同富裕，帮助大家一起成了富翁。这些人在干好自己工作的同时，轻松地成了财富的大赢家。巴菲特家乡奥马哈有 120 多个家庭和个人的资产不少于 1 亿美元，都是真正的亿万富豪。"钱先生继续说。

"其实出现这样的现象并不奇怪，因为巴菲特的早期投资伙伴大多就是他的家人、朋友和熟人。其他人包括他在奥马哈大学任教时读夜校的学生，及听说他投资能力很强，选择成为他投资伙伴的一些人。

巴菲特掌握的伯克希尔哈撒韦公司，60 年时间内每股股价从 12.7 美元增长到今天的 65 万美元，累计增长了 5.1 万倍。换句话来说，认识巴菲特的人，如果在他大学刚毕业从事投资事业的时候,投资1 000美元给他,现在这1 000美元就价值5 100万美元。如果这些人当时的投资额超过2 000美元,他们现在就是妥妥的亿万富翁。

到目前为止,巴菲特的家乡虽然有120多个家庭和个人成为亿万富翁,但相对他家乡40万人的总人数来说并不多。这主要是因为巴菲特早期开设的投资公司,当地法律最多只能允许拥有99名合伙人,后来想加入的人没有机会。1970年,年仅40岁的巴菲特自己成为亿万富翁后,他主动解散了合伙公司。这样做的原因是他自己的财富已经足够多了,不想再通过帮别人赚钱去获利;即使这是他应得的,而且是大家非常愿意的事情,他也不愿做。还有一个重要原因可能是巴菲特足够强大之后,再也不想品尝被拒绝的滋味。"

"我要是读书的时候,也有一个巴菲特这样的同学就好了。"吴小萌羡慕地说道。

"为什么呀?"吴小哲奇怪地反问。

"每年我的压岁钱有1万元钱左右,如果我有这样的同学,明年我就选择不交给妈妈,而是交给我的同学,这样我以后就是亿万富翁啦。"吴小萌充满憧憬地说。

"哪有这么好的事,你想

得也太美了吧?"吴小哲说道。

　　"哼,那我就想办法和这样的同学成为……辈了的好朋友,她肯定会把自己知道的都告诉我,以后她怎么做我就跟着怎么做,她买什么股票我就跟着买,我一样能够赚大钱。"吴小萌不服气地补充道。

十七、成功有捷径

　　"小萌这个想法其实并没有错,而且是非常好的一种思路。跟随优秀的人,本身就是一条最好的捷径。"

　　"真的吗?"被哥哥反驳后情绪有点低落的吴小萌听后,兴奋地问道。

　　"嗯,当然是真的。你们知道淘宝和阿里巴巴公司吗?"钱先生不答反问道。

　　"我知道,我的很多玩具就是妈妈帮我从淘宝上买的,比在玩具店里买的便宜多了,淘宝网就是阿里巴巴公司开的。"吴小萌抢先答道。

　　"不错,阿里巴巴公司不单有淘宝,还有支付宝等人们常见的产品。那你们知道成立阿里巴巴的老板是谁吗?"

　　"是马云。"吴小哲不甘示弱地抢答道。

　　"不错,证明你们平时非常关心经济和商业。不过,除了马云,你们还知道阿里巴巴公司的其他人吗?"

　　兄妹俩沉默了。

"阿里巴巴有一个'十八罗汉'的故事。它说的是马云最先成立阿里巴巴时，跟着马云一起创业的那一批年轻人。马云确实很厉害，他就像是商界中的巴菲特，成功是迟早的事情。但'十八罗汉'就并不是个个都像马云一样突出了。不过在公司条件非常艰苦，马云也还没有什么名气的时候，他们就跟着马云一起创业。后来，马云的阿里巴巴成功了，现在他们也成了亿万富翁呢。

这样的例子还有很多，'十八罗汉'和巴菲特的亲戚、同学、邻居一样，只是最突出的案例罢了。但他们成功的事实证明，跟随自己身边在某个行业最优秀的人会更容易成功，而且能取得更大的成功。

当然，你们不要以为跟随一个厉害的人很容易，这件事情可比想象中要难很多呢，而且这个不单指你们小朋友，大人也是一样。事实上，跟随一个厉害的人，某些时候更应具备识人的本领，是非常聪明而且具有大智慧的人才拥有的本事。

　　1957年，一次偶然的机会，年仅27岁的巴菲特到一位名叫戴维斯的著名医生家去募资，没想仅仅听了他的一席话，戴维斯当天就决定投资10万美元。这在当时可是一笔巨款，相当于现在的1000万美元呢。与此对应，更多的时候，很多人即使好机会送到身边也抓不住；即使是在巴菲特身边，也发生过这样的事情，你们想不想听啊。"

　　"当然想听啦。"兄妹俩肯定地回答道。

　　"巴菲特刚刚大学毕业的时候，外表仍然幼稚得像个高中生，当时只有他的亲人和从小一起长大的发小与同学知道他投资很厉害，所以他的第一批投资伙伴都是最熟悉巴菲特的人，这是情理之中的事情。1962年，32岁的巴菲特投资上已经小有名气，但很多人对他的投资能力还是半信半疑，巴菲特的邻居基奥就是其中一员。

　　当时年轻的巴菲特正在大力招募投资伙伴，富有的邻居基奥是他的首选目标。开始的时候，两家人并不熟悉。巴菲特想了一个办法，找个借口请他的妻子去向基奥的妻子借一勺糖，对方给了他们一整袋。巴菲特知道之后，当天晚上亲自过去拜访他们，表达了感谢之后，并进行了简单的交流。巴菲特建议他们可以拿出25000美元进行投资，基奥一家当时都愣了，随即当面拒绝了巴菲特；巴菲特之后又找他们，提出投资额降低至10000美元，结果还是一样被拒绝了；第三次，巴菲特又去找他们，提出投资额可以降至5000美元，但再一次被拒绝。不轻言放弃的巴菲特在一个晚上第四次去到基奥家，他做好打算，建议他们降低到2500美元。

但是，当巴菲特快走到他们家的时候，原本亮灯的房子突然变黑，整栋房子里没有光亮，一片寂静，屋里什么都看不见，但他知道基奥夫妻俩都躲在楼上。他没有离开，坚持按门铃、敲门，但房间里都没人应答。

巴菲特本来也是一番好心，看到邻居人很友好，想帮他们赚钱；即使被拒绝了四次，他都没有放弃。可是人们无法叫醒一个装睡的人，基奥一家就这样一而再、再而三地错失了送上门的绝佳大机会。他们当时如果按照巴菲特的建议投资了 2.5 万美元，现在价值 10 亿美元；即使只投资最少的 2 500 美元，现在也价值 1 亿多美元。基奥一家虽然生活一直也很富裕，却错过了轻松成为十亿富翁的机会。

仅仅 8 年后，当巴菲特成为亿万富翁，感觉自己的钱足够多的时候，他不仅不再去发展和接收新的投资伙伴，反而解散了原有的合作伙伴。基奥也没有搭便车成为亿万富翁的机会了。有意思的是，后来巴菲特反而买下了基奥所在公司的大部分股份。被人拒绝的感觉肯定不好受，这应该也是巴菲特 40 岁时选择主动解散合伙公司的一个重要原因。

从基奥的这个故事我们可以清晰地看到，想跟随厉害的人搭便车一定要趁早，否则等对方取得成功之后，机会就会变得非常少了。而且开始的时候即使投入不多，双方仍然是亲密的、互相成就的合作伙伴。等到别人成功之后再合作，即使付出的代价很大，可能双方只能成为极其普通的朋友。"

"网络上有一句非常流行的话，'今天你对人爱理不理，明天别人让你高攀不起。'钱先生你说的就是这种情况吧。"吴小哲插话道。

"这句话能够成为流行用语,确实有它的道理。人的一生,现实生活中会遇到 800 万人左右,彼此会打招呼的 8 万人左右。你会和其中 4 000 人左右熟悉,只会和其中 300 人左右拥有比较亲近的关系。你真正能够相识相交一辈子的人其实就是几十个人,甚至可能就是几个人,遇到了就一定要珍惜。

遇见并跟随厉害的人取得成功,虽然是条很好的捷径,但是除了具备识人的能力,能不能遇到这样的人,更多的时候是靠运气。但是只要自己肯努力,这种运气是可以积累和叠加的。"

"运气还可以叠加? 不太可能吧。"吴小哲不可思议地问道。

"确实是可以的。

就以你们自己来说吧。从你们父辈来看,如果有能力把你们从小送到很好的学校,说明他们本身就是社会精英;如果能成为优秀的企业家、投资家、知名的律师、学者或者各个行业的领头人,你们就有更多机会接触各行各业最优秀的长辈。这就能够从小开阔你们的视野,提高你们识人的能力;同理,你们的同学或者校友未来进入社会后,在同等情况下,你们有机会一起干事业,你们的资源就会更丰富,做事业就会相对更容易,你们成功的可能性也更大。

从你们自己来说,虽然有可能得到大人的帮助,但也更需要自己努力。成绩优秀不单是进入好的初中、高中、大学的基础,更重要的是,你会遇到一批同样进入这些学校的优秀校友。未来你们如果有资源,可以和有能力的同学合作;如果你们有能力,则可以更好更快地找到资源。无论哪种情况,将来和这些优秀的同学一起取得事业成功的可能性要更大,机会也更多。这一切,无疑都能大大增加你们遇到优秀领军人物的概率。

你们要做的事情,就是从小提高自己各方面的能力,争取将来考一所好大学,通过不断学习和锻炼逐渐建立自己的优势。大学毕业后,你们要么拥有出色的研发能力,要么拥有出色的销售本领,要么拥有很强的投资能力,或者有超强的领导和整合资源的能力。只有你们自己变成强者,才能吸引其他强者和你们强强联合,一起干出一番超越常人的事业。你不一定能成为真正的领头人,但至少要成为独当一面的人。"

"我怎么知道哪些同学或者朋友能够取得成功呢?"吴小哲提出了一个尖锐的问题。

"这个问题问得很好,其实以你们现在的年龄,暂时不需要考虑这个问题。不过,我还是可以告诉你解决这个难题的方法。"钱先生赞许地点了点头,接着又娓娓道来。

"假如现在给你们一个买进你某个同学 10% 股份的权利,一直到他的生命结束。你愿意买进哪一个同学余生的 10%? 你会选那个成绩最好的吗? 不一定。你会选那个精力最充沛的吗? 不一定。你会选那个官二代或者富二代吗? 也不一定。当你经过仔细思考之后,你可能会选择那个你最有认同感的人,那个最有领导才能的人,那个能实现他人利益的人,那个慷慨、诚实的人,那个即使是他自己的主意,也会把功劳分给别人的人。你可以把这些好品质写在一张纸的左边。

现在再给你一个机会,让你卖出某个同学的 10%,你会选择谁? 你会选那个成绩最差的人吗? 不一定。你会选那个穷二代吗？也不一定。当你经过仔细思考之后，你可能会选择那个最令人讨厌的人。不光是你讨厌他，其他人也讨厌他，大家都不愿意和他打交道。因为此人不诚实，爱吃独食，喜欢耍阴谋诡计，喜欢背后说人坏话，喜欢过河拆桥、落井下石，等等。然后你可以把这些坏品质写在那张纸的右边。

当你仔细观察这张纸的两边，你会发现在这件重大事情上，能力强不强并不重要，是否美若天仙也无所谓，成绩好不好根本没人在乎。

解决这个难题的关键在于，左边那些真正管用的好品质，全都是你可以做到的，只要你愿意行动，你就能拥有这些品质。而那些坏品质，没有一件是无法更改的，只要你有决心，你一定能改掉。如果你能够做到好的，摒弃那些坏的，你就会成为人人愿意买入10％的人，而你自己就100％地拥有你自己了。

做好自己是最重要的，只要做好了自己，至少就成功了一半。核心要点不是你去找别人，而是要努力提高自己，成为一个别人愿意主动找到你并投资你的人。你们一定要牢牢记住一个道理：要想和优秀的人共事，你自己首先要成为一个优秀的人。

当然，想要拥有识人的本领，确实是很难的，不过也不是完全没有办法。

小朋友们，现在都喜欢看《少年三国》这套书。那你们应该知道，在武将之中能力最强的是吕布。俗话说：'人中吕布，马中赤兔。'但是，后来被称为武圣的并不是吕布，而是关羽。因为关羽具备了两个武将最重要的品质，即'忠'和'义'，吕布则是个三姓家奴，谁势力大就投靠谁。同样都被曹操抓住了，吕布原本还想找刘备求情，结果刘备说了一句'君不见丁原董卓之事乎?'于是曹操就把吕布给杀了。关羽投降之后，曹操对他非常友好，关羽也是知恩图报，斩颜良诛文丑，解'白马之围'，后在华容道放了曹操。曹操的投资有了很大的回报。如果刘备和曹操是投资人，那他们肯定是顶级投资人，因为他们懂得识人与用人。

你们现在还太小，有些事情还理解不了。以后如果有缘，等你们18岁再进入金钱的世界时，我会详细告诉你们怎么做。

真正厉害的人有一个特征：如果一个已经取得成功的人，我们可以做一个极端的假设，即把他蒙上眼睛，带到一个与外界失去联系的偏僻小镇，不给他钱，而让他在这个小镇上诚实本分地经营一份事业，用不了几年时间，他又会发家致富了。

每一代人都有每个时代发财致富的机会。要想取得成功，时机的选择也很重要：越早发现机会，参与越早，投入越小，产出越大；越晚加入，成本越高，效果越差。"

"对于绝大多数人来说，自己独自创业是非常艰难的事情。也许寻找和追随马云那样的人，可能是更好的选择；自己投资成功是极小概率的事情，而追随巴菲特那样的人，可能也是更好的选择。所谓大道至简、殊途同归，其实所有行业，都是这个道理。"钱先生最后总结道。

十八、 优秀投资者的知识储备

"钱先生,你快教我们通过股票赚钱的方法,好吗?"吴小哲急切地说道。

"不是我不愿教你们,是因为你们现在还太小啦,很多东西都难以理解。你们来一趟不容易,时间宝贵,现在不要把时间耗费在这件事情上哦。不过,你身边就有一位现成的好老师,你可以先问问他。"钱先生神秘地说。

"现成的好老师,钱先生你说的是谁呀?"吴小哲反问道。

"巴菲特小时候投资的启蒙老师就是他的爸爸,你们的爸爸也是专业投资人,你们可以自己去问他呀。"钱先生回答道。

吴小哲听到钱先生现在不愿意教他具体的股票投资方法,心中有点失望。因为具体的股票投资方法事关他的一个重大秘密,而现在不能得到解答,他的情绪有点儿低落,低头不语。

钱先生看出了他的心思,安慰道:"小哲,不是我不愿意教你们,如果你真的想学习投资,现在倒是可以开始做投资的准备。"

"真的吗? 太好了,需要做哪些准备呢?"吴小哲眼前一亮地追问。

"你知道一名优秀的投资者需要具备哪些方面的能力和素质吗?"钱先生反问。

吴小哲茫然地摇了摇头。

"要想成为一名优秀的投资者,可非常不容易呢。

一名优秀的股票投资者需要具备多方面的能力。

第一,是财务分析能力,即了解和解读财务报表,分析公司的财务状况和盈利能力。通过掌握公司财务指标如每股收益、净资产收益率、毛利率、净利率等,评估公司的价值和健康程度。另外,需要具备看清企业核心竞争能力、企业发展前景、管理层风格等的能力。总而言之,这些可以称作企业微观层面分析的基本功。

第二,是中观层面的分析,主要是需要具备行业分析的能力,深入了解所投资行业的特点、竞争格局、市场趋势和未来前景。应关注行业内的关键指标和趋势,分析判断公司的竞争优势和风险等。

第三,是宏观经济分析能力,需要关注宏观经济指标,如GDP、通货膨胀率、利率等,了解国家和全球经济状况的影响,掌握经济周期和趋势以及政府政策对市场的影响。

第四,技术分析能力。基本面的研究能够让你找到好企业,但投资中还需要找到好的买入价格。这就是投资人需要掌握的第四个方面的能力,即技术分析能力。应运用图表、指标和模型等技术工具,研究股票价格和成交量的走势,把握市场的走向和交易机会。应熟悉各种技术分析方法,如移动平均线、相对强弱指数等。

第五,是心理学和情绪控制的能力。应了解市场心理学和投资者情绪对股票市场的影响。应掌握情绪管理和风险控制的技巧，避免情绪驱使投资决策，保持冷静的头脑。

第六，是法律和合规知识。应熟悉相关法律和合规要求，以便遵守法律规定和保护自身权益。了解股票市场的交易规则和相关制度，合法合规地进行投资操作。

第七，是沟通和学习能力。应善于与他人交流和分享投资经验，参与投资组织或社群，获取新的信息和观点。保持学习的态度，不断更新知识和技能，以适应市场的变化和挑战。

此外，还需要关注科技和创新领域的最新趋势和发展，发现潜在的高增长企业和投资机会。了解全球经济和政治动态，预测和应对国际因素对股票市场的影响。了解媒体报道和舆论对市场情绪和股票价格的影响，更好地理解市场情绪和行为等。"

"这几个方面的能力涉及的学科非常多，具体来说有以下这些学科：

经济学。经济学研究资源分配、供求关系和市场行为，对于理解宏观经济环境和行业趋势至关重要。

金融学。金融学研究资本市场、投资工具、投资组合理论等，投资人需要了解金融市场的运作机制和投资产品的特性，以及风险管理和资产配置策略。

行为经济学。行为经济学探讨人的决策和行为背后的心理和社会因素，投资人可以通过理解人类行为模式和认知偏差，更好地评估投资的风险和回报。

统计学。统计学提供了一种分析数据和概率的方法，投资人可以利用统计学工具进行数据挖掘、模型构建和风险评估，从而做出正确的投资决策。

数学和计算机科学。数学和计算机科学在量化投资中起到重要作用,投资人可以运用数学工具和编程技能构建和测试投资模型,进行数据分析和预测。

社会科学。社会科学研究社会、文化和人类行为,投资人可以从中获得洞察力,理解不同国家、文化和社会环境对投资的影响。

法律和道德。法律和道德涉及投资活动的法规和伦理标准,投资人应该遵守法律法规,遵循道德规范,以增强投资的可持续性和社会责任。

概率学。投资决策常常伴随着不确定性和风险,概率学可以帮助投资人理解和量化这些风险。通过概率学,投资人可以学习如何评估和管理投资风险,并采取相应的策略来降低风险。

逻辑学。逻辑学可以帮助投资人进行合理的推理和分析。在投资决策中,逻辑学可以帮助投资人识别和纠正自己的认知偏见,确保逻辑的合理性,并避免由于情绪和人为因素而做出错误的决策。

哲学。哲学可以帮助投资人从更宏观和深远的角度看待投资,思考投资的价值观、伦理道德问题以及投资与社会责任的关系。哲学还可以培养投资人的思辨能力,使投资人能够思考更深层次的问题,从而更全面地评估和理解投资机会。”

听到钱先生一口气说了这么多,兄妹俩听得头都大了。

钱先生继续滔滔不绝地说道：

"要想取得长期的投资成功，投资人需要做好长期的准备，不能有明显的短板和不足，否则即使其某个方面做得很好，也难以长期取得成功。具备跨学科的能力能够帮助投资人更全面、准确地分析市场和投资机会，以便做出更明智的决策。"

"总的来说，优秀的股票投资者应具备多学科综合知识。投资者需要不断学习和提升自己在财务、经济、行业、技术、心理和法律等方面的专业知识。这些能力将帮助投资人在投资市场中做出明智、理性和有益的决策，投资人可以从多个学科和领域汲取知识、拓宽视野，提高投资决策的准确性和成功率。"

"需要学习和掌握这么多知识，具备这么强的能力，是不是太难了？"听完钱先生的介绍，吴小哲不安地问道。

"是啊，一个优秀的投资者真正成熟起来，非常不容易。这也是真正以投资为生的成熟投资者只有 3％的重要原因。很多普通人随便看几本书，掌握一两个技术指标，或者听一些所谓的消息，就盲目地认为自己掌握了致富的密码，敢于把自己辛苦积累多年的积蓄投入股市搏杀。即使他们一时取得了盈利，但长期下来其结果可想而知。

人们都知道开飞机的机长、做手术的医生需要经过专门的选拔，通过数年甚至 10 年的培养和训练才能上岗。就算是普通人驾驶汽车，也需要到驾校训练并通过考试获得驾照才能上路开车。但在股市这个参与人数最多、竞争最激烈的行业，绝大多数人毫无准备，却仍然信心满满。这既是傲慢也是无知。很多人在付出惨痛的代价后不知自省，反而怪市场、怪政策、怪一切外在的东西，真是可怜又可悲。

坏消息是不可能人人都学会做投资，就像不可能人人学会开飞机；好消息是也不必人人学会做投资和开飞机。绝大多数人要做的事，是在自己的领域成为最优秀的人，然后与其他行业最优秀的人合作，实现资源共享。这样才能实现人生综合回报的最大化。

远行坐飞机，有病看医生，这是人们的常识。术业有专攻，机长、医生这些人如果没有经过专业的训练，就随随便便去上岗的话，我相信没有人敢坐飞机，也没有人敢去做手术。其实投资也是非常专业的事情。实际上大多数人贸然进入股市，就跟一个没有拿到驾照就上路，一个没有学过解剖学就直接上手术台的人没有什么区别，其失败也是必然的。"

吴小萌听不太懂，没在意，而吴小哲却陷入了深深的沉思之中。

十九、 点石成金的人

"成为优秀的投资者的道路虽然艰难,但这一切都是值得的,因为成为优秀投资者的结果也非常美妙哦。"钱先生看到陷入沉思的吴小哲,似乎是诱惑性地提醒。

"真的吗?"吴小哲反问道。

"当然是真的,从古至今,上至三皇五帝,下至普通百姓,人类都在追求两件事情:长生不老和点石成金。而优秀的投资者就是点石成金的人。"

"什么是点石成金的人?"吴小哲忙问道。

"给你们讲个故事吧。很久以前,在一个贫穷的小村庄里,生活艰难的王生过着一贫如洗的生活。尽管处境困难,他却对神灵充满虔诚,尤其是对八仙之一的吕洞宾十分崇敬。王生的家里只有一间破旧的草房,家徒四壁,但墙上却供着吕洞宾的神像。虽然买不起香果,但他每天都恭敬地烧香祷告,几乎从未间断。

对王生如此坚定的诚意,吕洞宾感动不已。吕洞宾心生怜悯之情,决定帮助这个虔诚的年轻人。然而,房子里空无一物,吕洞宾只好来到院子里。四处张望之下，他发现角落里有一块光秃秃的大石头。他心生一计，念起了咒语，然后用手一指，那块石头瞬间变成了金光闪闪的金元宝。王生看到眼前发生的奇迹，惊讶不已，不禁睁大了双眼，张大了嘴巴，呆呆地愣在原地。

　　吕洞宾微笑着走上前去，慈爱地说道：'年轻人，你对这个金元宝感到满意吗？从现在起，它就属于你了。'王生急忙跪倒在地，一边摇头，一边摆手，激动地说：'不行！不行！我不要！我真的不要！'吕洞宾见状，心中大喜，他觉得这个年轻人非常诚挚，尽管身无分文，却不为金银财宝所动心。这种虔诚实在难得！他连忙上前搀扶着王生，劝道：'起来吧，你虽然房屋破旧，衣不蔽体，食不果腹，陷于贫困之中，却仍然不为金银财宝所动心，这样的虔诚实在难得！看来你真心想要学习道义，修行修道啊。那好吧，我愿意将真道教给你！'

王生一听,慌忙从地上爬起来,紧紧抓住吕洞宾的袍袖,双眼瞪得圆圆的,大声喊道:'不!我不想学道,我只是希望您能给我这根手指!求求您把这根手指给我吧!'吕洞宾听到这里,再看看眼前这个年轻人,愤愤地叹了口气,然后乘坐祥云飘然离去。

　　这个故事中,王生的虔诚和坚持信仰让吕洞宾深感动容,而吕洞宾的神奇能力也给予了贫困的王生一丝希望。然而,当王生表达出自己不想修道,只是单纯地希望得到一根手指时,吕洞宾感到失望和愤怒,他意识到这个年轻人并不是真心求道。所以,吕洞宾只能离开,继续他的修行旅程,让王生继续面对自己的穷困生活。

　　吕洞宾用手一指,石头瞬间变成了金光闪闪的金元宝,这就是点石成金的由来。你们怎么评价这个叫王生的人呢?"钱先生笑呵呵地说。

　　"我觉得这个王生是个贪婪的人。"吴小哲想了想回答道。

　　"你说得不错,不过这个王生不仅贪婪,其实更是一个笨蛋。"

　　"看不出这个王生是个笨蛋呀?"吴小哲似乎不懂。

　　"吕洞宾已经点了一块大金子给王生,他应该知足才对,但是他却非常贪婪地想要吕洞宾的手指。他是认为只要有了这根手指,自己就和吕洞宾一样可以点石成金了。说他是个笨蛋,是因为他没看清手指一点就变成黄金这只是表象,真正让石头变成黄金的是吕洞宾个人的能力,这才是事实。如果这个王生能够跟着吕洞宾学道,那么他不仅能学会点石成金的本领,肯定还会掌握其他更多神奇的本事。他为了一根没用的手指,放弃了得道成仙的机会,你们说他是不是个笨蛋呢?"

　　"确实是的,那为什么说优秀的投资者就是点石成金的人?"吴小哲还是比较迷糊。

"点石成金故事里的人，用手指点一下石头，石头就变成了金子。优秀的成熟投资者在股票投资过程中，只需要输入一串股票的数字代码，就能够赚到钱，能够把有限的财富变多，这不就是现实中的点石成金吗？

优秀的投资者一旦具备了这种能力，就像学到了吕洞宾的本领一样，获得的好处非常多呢！"

"钱先生你快点和我们说说吧。"听到好处多多，吴小萌回过神来，迫切地说道。

"第一，投资是用钱买经验、用经验可以换钱的行业。可以说投资是越老越值钱，是可以干到老的行业。投资可以说是一门学问，甚至可能是一门艺术，更是一种实践出真知的技能。没有经验的人，就像船只没有指南针，容易迷失方向，难以把握投资的节奏和风险。年轻人可能会因为缺乏经验而轻率行事、盲目跟风，陷入泥潭而无法自拔。相比之下，优秀的投资者对于投资的经验总结与经济波动的预判都更为准确，因为他们曾经历过无数次的市场变化，积攒了丰富的投资智慧。

时间是最好的教科书，经验是实践的积累。年纪越大，优秀投资者所积累的经验也就越丰富。优秀投资者在投资中经历了起起落落、跌宕起伏的人生，他们在每一次失败与成功之间，都汲取了宝贵的经验教训。这种经验不仅仅来自投资实践，也来自生活的点滴积累。年纪越大，投资者便越懂得这些行业的奥秘和规律。正是因为这些优势，优秀投资者可以一辈子干投资，为自己创造更多的财富。这也是巴菲特在94岁高龄，资产超过1 000亿美元的时候,还可以跳着踢踏步去公司上班的重要原因。

第二,投资不受时间、地点和资金的限制。投资是一种积累财富的好方法,而其他工作只是为了满足当下的需求,而且常常受到时间、地点和资金等种种限制。投资不受时间的限制,只要是交易时间都可以登录交易平台,实时掌握市场动态,并根据个人的情况进行投资决策。投资者并不需要放弃其他的工作或兴趣爱好,他们可以在碎片化的时间里灵活地进行投资操作。投资者不受地点的限制,可以随时随地通过手机或电脑进行交易。无论投资者身在何处,只要有互联网的支持,他们就可以参与到全球范围内的投资市场。现代投资市场提供了各种各样的投资产品和方式,不再局限于股票、基金等高门槛的投资品种。无论投资者拥有多少资金,只要他们学会科学合理地进行投资规划,遵循风险控制原则,就可以慢慢积累财富,获得稳定的投资回报。

第三,投资相对于做实业来说,没有天花板的限制,其对于普通人来讲几乎没有上限。做实业通常需要大量的时间和精力,做1家企业和做10家企业的难度简直是天壤之别。而投资买1只股票和10只股票的难度几乎相同。这种灵活性使得投资更适合普通人参与,他们可以将自己的闲置资金投入市场,享受经济增长带来的好处。实业往往需要大量的资金、固定资产和人力资源;而投资则可以通过购买金融产品来参与经济活动,只需要相对较小的金额。这就意味着普通人只需要具备一定的经济基础就可以开始投资,而不需要像做实业那样面临巨大的启动资金问题。投资具有更高的流动性,可以在规定的交易时间买卖;而做实业是否能成功往往受到市场的限制,不同行业虽然有着不同的发展潜力,但也存在各种限制。人们可以在多个领域进行分散投资,降低风险,并通过灵活的投资策略来获取更高的收益。此外,随着金融市场的发展,人们可以通过投资股票、基金、可转债等多种形式来获取收益,不再局限于传统的投资方式。

第四,投资可以让复利效应最大化。投资甚至有机会让人一年赚取的金钱超过以往所有年份的收入总和。巴菲特就是最典型的代表。60 年时间内,巴菲特的财富增长了五万多倍。

第五,也是最美妙的事情,优秀投资者能够过上梦想中的自由生活。他们可以按照自己的兴趣和爱好生活,不再被金钱限制。他们可以选择自己喜欢的工作时间和地点,享受丰厚收益,也可以陪伴家人、在世界各地游玩、投身公益事业,成为社会的中流砥柱。"

"这样的人生太美妙了。"吴小萌羡慕地说。

而钱先生似乎意犹未尽,继续侃侃而谈。

"每个人都有自己的梦想,大家都憧憬自由自在、无拘无束的生活。而对于那些优秀的投资者来说,这种梦想不是遥不可及的幻想,而是他们日复一日努力追求的目标。优秀的投资者知道,金钱不仅仅是为了满足物质需求,更是为了实现自己的理想和梦想。他们明白,只有通过投资,才能够让金钱成为自己的助力器,才能实现真正的财务自由。优秀的投资者懂得正确认识风险和回报。他们不会盲目投资,而是在选择投资项目时深思熟虑。他们会综合考虑市场趋势、行业发展、公司前景等多种因素而做出明智的决策。他们知道投资并不是一夜暴富的捷径,而是一个需要付出努力和专注的长期过程。

优秀的投资者懂得保持冷静。在投资的道路上，优秀的投资者同样会遇到各种挫折和困难，但是他们从不抱怨，而是会坚持学习、研究和实践，不断提升自己的投资能力。他们知道，只有在冷静的状态下才能做出明智的决策，才能在市场的波动中保持稳健。最重要的是，优秀的投资者懂得规划和管理自己的财务。他们会制定长期的投资计划，并且严格执行。他们不会过分追求短期收益，而是注重稳健的长期增长。他们会合理分配资金，降低风险，保证自己的财务安全。

　　在这个既残酷又美好的世界里，优秀的投资者像天上的星星闪闪发光，以他们的勇气、智慧和决策能力，改变着自己和周围人的命运。他们引领着一个新的时代，探索追求财富自由的道路，实现自己的人生价值。"

　　听完钱先生的介绍，吴小哲更加坚定了自己要成为一名优秀投资者的决心，立志成为一名在投资中能够点石成金的人。

二十、 房地产投资

"钱先生,我经常听身边的大人们聊房子投资,很多人通过买房子成了富翁,你能和我们说一说投资房子的方法吗?"吴小哲感觉钱先生暂时不想教他股票投资的具体方法,想了想,重新问了一个新问题。

"小哲,你确实是一个非常擅于观察和思考的小朋友。近些年来,中国房地产市场经历了快速而持续的发展,给人们带来了巨大的财富增长机会,大人们经常讨论这个问题是非常自然的结果,房地产这个仆人能力是非常不错的,确实值得你们了解和学习。

中国的房地产市场经历了长期的价格上涨。由于人口增加、经济发展和城市化的推动,住房需求不断增加,房价得到了长期支撑。许多人在房价上涨的过程中实现了财富增值,这无疑对他们的财富起到了积极的推动作用。

中国房地产市场之所以快速发展,另一个重要原因是房地产为人们提供了投资渠道。许多人将资金投入购买和持有房产,通过房租或出售获得了很好的收益。

房地产市场的繁荣也带动了相关行业的发展，如建筑、装修、家具等。这些行业的发展也给人们带来了更多创造财富的机会。例如，买房后需要装修，这就需要选择装修公司和购买家具，这些都为装修行业带来了商机和就业机会。

需要注意的是，房地产市场的快速发展也产生了一些问题。一方面，高房价给年轻人和低收入群体带来了较大的购房压力；另一方面，过于依赖房地产业的经济发展模式，也带来了一些风险，如过度投资和泡沫化的风险。我们需要警惕房地产市场存在的问题，不能盲目地认为房地产投资就一定稳赚不赔，要合理看待投资风险。

房地产投资具有一定的优点，但也同样存在一些缺点。对于想要了解房地产投资的人来说，这些优缺点对于他们做出明智的决策、获得更好的投资回报非常重要。

先说说房地产投资的好处吧。房地产投资挺稳定的，相比股票市场那种起伏大的情况，房地产市场还是相对稳定一些。毕竟房地产是实物资产，价值比较稳定，不容易被外界干扰。另外，房地产投资还能享受杠杆效应。所谓杠杆效应，就是用借来的钱来投资，这样可以获得更高的收益率。通常买房的时候都是用贷款，这样就能用较少的本钱获得更高的回报。如果房价上涨的话，投资者就能赚到不少钱，特别是在经济增长较快的地方，房价往往会大幅上涨，给投资者带来不菲的收益。

再说说房地产投资的缺点吧。首先，房地产投资需要投入大量资金。相对于其他投资方式，买房得花一大笔钱。对大部分普通投资者来说，这意味着得攒够更多的钱才能投资房地产，这对资金少的人来说是个挑战。其次,房地产投资有着较长的回报周期;房地产的价值增长不是一朝一夕的事,得持有它一段时间才可能获得高回报。同时,房地产市场的波动也可能导致投资者在某一段时间内赚不到预期的钱,因此,投资者需要有足够的耐心和长期规划。最后,还得考虑政策风险。政府经常会对房地产市场进行调控,这也是房地产市场变动较大的原因之一。政府的调控政策可能会影响投资者的收益,因此,投资者得时刻关注政策变化并做出相应的对策。

在当代社会中,房地产投资被广泛视为创造财富的重要途径。最常见的方式是买房卖房,这种投资方式让投资人从房产升值中获得回报。房地产市场提供了丰富的机会,让普通人有可能实现财务自由。通过精明的投资以及选择合适的时机和地点购买房产,投资者可以享受到资产增值带来的巨大利益。这不仅为投资者提供了可观的财务收入,还使他们实现了梦想。在购房过程中,投资人必须做出明智的决策,投入大量的精力和时间,进行市场调研和风险评估。房产升值的回报不仅仅是金钱上的回报,更是对投资人努力和智慧的认可,是一种成就感的体现。

通过买房卖房,投资人能够实现他们所追求的生活方式和目标。这些梦想可能是有一个温馨的家、为孩子们提供更好的教育,或者是过上优越的退休生活。房产升值的钱,为他们提供了实现梦想的资本。这不仅帮助他们改善了自己和家人的生活品质,更通过榜样效应,鼓舞和激励着周围的人们追求自己的梦想。

当然,房地产投资并不是只有买房卖房这一种方法,其实它还有几种完全不同的赚钱方式,每种方式的运作都有所不同。

另一种常见的房地产投资方式是租金收益,即通过购买房产并出租给他人,房东可以获得稳定的租金收入。在选择投资房产时,需考虑地段、租金市场价格、租户流动性等因素。通常情况下,比较受欢迎的租金收益方式是长期租赁,因为这可以提供更稳定的收入。此外,还有房地产翻新与翻建、房地产开发、房地产投资信托基金、房地产众筹方式。"

"那您再详细和我们说说吧。"吴小哲说道。

"房地产翻新与翻建是指购买需要修复或改造的物业进行翻新,并重新出售或出租,从中获得利润。这种方式需要具备一定的装修和市场洞察能力。通过改善和提升物业的价值,房地产开发商可以在翻新后以更高的价格出售或租赁物业。这也是一种较高风险的投资方式,需要投资者具备对市场趋势的预测能力。

房地产开发是指购买土地并进行住宅或商业建设。这需要更高的投资额和时间,但也有更高的收益潜力。房地产开发商通过购买适当地段的土地进行规划和设计、施工建设并销售或租赁物业,从中赚取差价。这种方式需要投资者具备一定的资金实力、市场预测和管理能力,同时需要考虑土地使用规划、政府政策等因素。

房地产投资信托基金是一种通过购买不动产或抵押贷款支持的债权,让投资者能够在房地产市场中获得收益的投资工具。投资者可以购买基金股份,享受来自租金收入和房产升值所带来的分红收益。相比于直接购买物业,房地产投资信托基金具有更高的流动性和分散风险的特点,适合小额投资者。

房地产众筹是一种通过互联网平台让多个投资者共同投资于

房地产项目的方式。投资者可以用较低的投资额参与房地产项目,并分享项目的收益。这种方式让投资者可以更加灵活地选择投资项目,并且享受到相对较高的回报率。然而,投资者需要仔细研究平台的可信度和项目的风险。

这几种通过房地产赚钱的方式都有其优缺点和风险。在进行房地产投资时,投资者应该仔细评估自身的投资目标、风险承受能力和市场状况,选择适合自己的投资方式。同时,了解相关法律法规和市场变化也是成功的关键。最重要的是,投资者应不断学习和更新自己的知识,保持对房地产市场的敏锐观察力,以获取更好的投资回报。"

兄妹俩听完钱先生的介绍,才明白投资房地产的方式其实多种多样。不过,由于他们与这些事情离得较为遥远,所以他们有些心不在焉。

二十一、仆人组合的复利变身

"你们喜欢看《变形金刚》吗?"钱先生看出了兄妹俩情绪的变化,随后又提出了一个问题。

"非常喜欢,特别喜欢看汽车人变身,感觉好神奇,最厉害的是汽车人还可以组合变身合体,成为超级战士。"吴小哲兴奋地回答道。

"房地产投资这个仆人与定投指数基金或者股票投资这些仆人组合的话,可以让大人们的仆人变身成为一个超级仆人哦。"

"真的吗? 金钱的仆人也能组合变身,那真是太好了。"

"当然是真的,仆人组合变身后,赚钱的能力更加强大。"

"钱先生,你快和我们说说吧。"吴小哲迫切地说道。

"其实也很简单,关键是要有这种意识。"

"再问你们一个问题,拥有房子的人是金钱的主人还是仆人?"

"拥有房子的人肯定是主人呀,这还用问吗?"吴小萌有点未置可否地回答道。

"那可不一定哦,你们还记得如何区分主人和仆人吗?"

"记得，区分主人还是仆人，主要看是他帮你赚钱，还是你帮他赚钱。"吴小哲略一思索就回答道。

"嗯，很多大人做房地产投资，一味地追求房产的升值，用大量贷款购入大量房屋，这种方法在过去房地产的整体上涨阶段没有问题，但是一旦房价不涨甚至下跌，这种投资方式风险就会变得很大，甚至可能导致家庭彻底破产。

更重要的是，如果他们买的房子不涨甚至下跌，他们没有了赚钱的机会，但银行贷款不仅要还本金，还要还大量利息。此时房子是帮他在赚钱，还是房子在赚他的钱？真正的主人是谁呢？"

"这时，这种人确实是金钱的仆人，主人应该是银行。"吴小哲若有所思地回答道。

"嗯，确实如此。投资房地产，最好量力而行，即使要贷款也要尽量少贷一些，至少要确保租金能够保障每月需要偿还银行的金额。在这样的情况下，不管房价涨跌，房地产都能源源不断地给投资人赚钱，成为他忠实的仆人。"

"钱先生，你还没说仆人的组合变形呢。"吴小哲有点心急了。

"不要着急，我先和你们说这些，是因为这是仆人变身的基础。如果没有源源不断的正收益，仆人变身就无从谈起；反之，用这些每月产生的稳定正收益定投指数基金，这两个仆人不就组合起来了吗？变身成功的仆人收益率就可以叠加了嘛，是不是很简单啊。"

"确实是呢，如果房产租金的正收益有 3%，加上定投指数基金 10%，年收益有机会达到 13% 呢。"吴小哲似乎恍然大悟道。

"不仅如此，中国股市的长期年化收益率可以根据不同的时间

段和指数变动情况而有所不同。一般来说,过去几十年中国股市
的长期年化收益率在 6％～10％之间。如果你们以后具备了足够
的股票投资能力,在牛市中把定投的指数基金卖掉一次,等熊市的
时候买入好股票,即使达到股票最低的 6％收益,房产出租、指数
基金定投和股票投资三个仆人组合叠加,年收益就可以接近甚至
超过 20％,这样的超级仆人你们喜不喜欢?"

"太喜欢了!"吴小哲兴奋地回答。

"其实由于你们太小,还不知道年收益接近 20％的重大意义。

这可是世界顶尖投资家的投资水平,巴菲特也就是这个水平呢。不仅是巴菲特,其他知名的投资家也差不多:巴菲特的老师格雷厄姆投资 30 年,年化收益为 20%;巴菲特的师兄沃尔特·施洛斯投资 47 年,年化收益为 20.09%;投资大师塞思·卡拉曼投资 27 年,年化收益为 19%;戴维斯家族投资 47 年,在常年加上 1 倍投资杠杆的情况下,年化收益为 23%;投资大师大卫·史文森投资 24 年,年化收益为 16.1%。

不仅是在美国,在中国也是如此。投资记录超过 10 年的 2 456 名基金经理中,年化收益超过 10% 的只有 45 人,管理基金规模在 100 亿元以上的一共 18 位,只有极少数投资管理人收益超过 15%。

当然,好消息是,如果年化收益超过 10%,甚至达到 20%,你们的财富列车就等于踏上高速行驶的快车道。"

"什么是快车道?"吴小哲疑惑地问道。

"当投资以 10% 的年复利增长时,资金会以指数级增长。假设你投资了 1 万元,每年的复利增长率为 10%,经过 10 年,你的投资将增长至 2.59 万元。经过 20 年,它将增长至 6.73 万元。而在 30 年的时间里,你的账户将增长至 17.45 万元。可以看到,即使增长率相对较低,持续的复利仍然能够带来显著的收益。

如果投资以 15% 的年复利增长,则相同的投资额在 10 年后将增长至 4.05 万元,在 20 年后将增长至 10.73 万元,在 30 年后将增长至 28.47 万元。可见,稍高的年复利增长率可以进一步加速投资的增长。

如果投资以 20% 的年复利增长,10 年后,你的投资将增长至

6.19万元,在20年后将增长至16.36万元,在30年后将增长至43.22万元。在这种情况下,由于增长率较高,资金增长速度将更加惊人。巴菲特年化20%的收益,60年时间增长5.1万倍就是最好的证明。这就是复利被称为世界第八大奇迹的原因。"

这一串串数字让兄妹俩瞠目结舌,感到不可思议。

二十二、风险与收益的抉择

"钱先生,你教我们的这些方法感觉并不太难。但银行利息那么低,为什么很多人还是把钱存到银行去呢?这样不是太笨了吗?"稍稍平复心情后的吴小哲问出了一个让自己深感不解的问题。

"这又是一个很好的问题,这本质上是风险和收益的一种选择。"钱先生再次赞许地回答道。

"这并不是大人们傻。很多大人宁可忍受通货膨胀带来的损失,依然选择把钱存进利息很低的银行,最根本的原因是银行能够保障本金的绝对安全。仆人的赚钱能力越强当然是好事,但面临的风险可能也越大。

在金融投资中,风险与收益并存。投资本身存在风险,而收益又与风险成正比。每个人都希望自己的钱安全地增长,但金融投资市场并非没有风险。股市风云变幻,时有企业破产,外汇市场经常波动,不少人因为亏损而痛失血汗钱。人们更加关注保本的可能性,即使这意味着他们必须忍受通货膨胀带来的损失。

在金融市场中,一定的风险不可避免,而收益则取决于个人的选择和市场情况。股市投资风险大,但收益潜力也很大;而存款类金融产品虽然收益不高,但以本金保障为特色,风险最小。很多大人注重本金安全,故而选择将钱存入银行,这无可厚非。

为什么银行能够保障本金的绝对安全呢?这与银行的业务模式和监管机制密不可分。首先,银行业务的主要功能之一就是吸收存款并提供贷款服务,因此,银行必须具备一定的资本实力来保障存款人的本金安全。其次,银行作为金融机构,受到国家金融监管部门的监管,其运营行为受到制度和法律的约束,这就增加了人们对银行的信任度。

在银行存款中,存款保险制度起到了至关重要的作用。存款保险是一种保障存款人权益的制度。当银行发生破产或风险时,存款保险机构将对每个存款人的存款进行赔付,这就相当于为存款人提供了保险保障。这个制度的出现进一步增加了人们将钱存入银行的信心，也使得银行成了最受人欢迎的金融机构之一。

尽管银行存款利率普遍较低，却无法忽视它能带来的稳定性和安全感。对于大部分资金相对有限的大人来说，不把所有钱冒险投入高风险的市场，而是选择将一部分资金存入银行，不失为明智的选择。在全球经济不稳定的情况下，保障本金安全是人们过上安稳生活的基础。这种选择虽然使得人们可能会蒙受通货膨胀的损失，却为人们未来的发展提供了一个坚实的基础。

总的来说，尽管收益可能较低，但银行存款能够为人们提供可靠的资金保障。这对于那些更注重本金安全的人来说无疑也是一种理智的选择。但是，你们也看到了，其实只要学习和掌握了基本的投资知识，就可以轻松而安全地获得远超银行储蓄的收益。

安全对应的就是波动，是不确定性的收益，甚至是亏损的潜在风险。以股票为例，如果仅以 1～2 年的持有周期来看，股票的波动范围确实非常大。它具有从 66.6％ 的正收益到 −38.6％ 的亏损这样宽的波动区间。这与人们印象中股市总是‘暴涨暴跌’的印象比较接近。但是，为什么世界上真正富有的人还会参与到这个市场上来呢？

原因很简单，因为从长期投资的角度来思考和观察的话，股票投资是世界上收益最高的投资品种。

股票、债券、国库券、黄金和现金是常见的投资品种。它们在不同持有周期下的收益情况是一个复杂的问题，这些资产的表现受到多种因素的影响，包括经济环境、市场情绪、利率变动、通胀预期等。然而，对于长期投资者来说，历史数据可以提供一些参考。

从长期来看,股票投资在经济增长期间通常表现较好。过去数十年来,股票市场呈现出稳定的增长趋势,长期平均回报率约为8%～10%。

债券是一种相对稳定和低风险的投资品种,但回报率通常也相对较低。从长期来看,债券投资的平均年化回报率约为4%～6%。债券的收益受到利率的影响,当利率上升时,债券的价格可能会下降。

国库券是政府发行的债券,一般被认为是最安全的投资品种之一。由于国库券风险低,其回报率也相对较低,长期平均回报率约为2%～4%。

作为一种避险资产,黄金在经济不稳定或通胀预期上升时通常表现较好。从长期来看,黄金的平均年化回报率约为3%～5%。然而,黄金价格也受到供需、全球地缘政治风险和市场情绪等因素的影响。

现金被视为最低风险的投资选择,但其回报率通常较低,尤其是在低利率环境下。从长期来看,现金投资的回报率相对较低,不足以抵消通货膨胀的影响。

投资收益看上去感觉差别不大,但如果时间够长,则这个结果是非常惊人的。

股票投资短期波动虽然巨大,但如果将持有周期提高到5年,那么股票最坏的回报率也只有−11%,其波动的区间已经与债券非常接近。当投资周期上升到20年时,即使是最差的股票投资回报率也是正数;当时间拉长到30年时,股票的收益显示出更大的优越性。基于家庭资产的长期增值和保值考虑,股票可能是最为可靠的中流砥柱。因此，对待股票一定要有长远的眼光。股票作为一项资产选择是不容忽视的，拥有优秀公司的股权是普通人实现资产长期保值和大幅增值的最佳选择之一。"

吴小哲似懂非懂地点了点头，似乎有话说，但又欲言又止。

二十三、最后的叮嘱

"11岁的巴菲特买入了自己人生中的第一只股票,并很早就开始做送报纸、卖口香糖、捡旧高尔夫球卖等小生意积攒资金;10岁的罗杰斯开始做资金管理,赚钱就存,舍不得买一颗糖果。这些世界一流的投资大师都是从很小的时候就开始了自己的投资事业,并为此甘愿节衣缩食,储备资金,奉献自己的一生。他们很早就成了金钱的主人。你们现在也到了他们的这个起步年龄,如果想早日成为金钱的主人,就得加倍努力了。"钱先生充满期待地鼓励两兄妹。

"我能对你们讲的都讲完了,我们的缘分要告一段落了,不过,最后还有一件事情要提醒你们。"钱先生再次郑重地叮嘱道。

"赚钱很重要,把赚到的钱留存下来同样重要,不过最重要的还是让钱生钱。在钱生钱的过程中,一定要向专业的人学习或咨询,学会真正能够让钱留住并增加的方法,同时更要注意防范风险。

赚钱、存钱、让钱生钱是每位主人的共同目标。然而,财务管理并不是一件轻松的事情。在追求财富的过程中，还必须了解如何防范风险。

赚钱是财富的源泉。然而，赚钱并不是一件容易的事情。要赚到足够多的钱，需要付出努力、智慧和耐心。不同的人有不同的赚钱方式，可以选择创业、拓展业务、投资等。关键是要找到自己擅长的领域，在这个领域里不断进步和创新。

存钱是财务管理的基石。无论有多少收入，良好的储蓄习惯是实现财务自由的关键。将一部分收入存入银行或其他稳健的理财工具，不仅有助于平衡收支，还能为后续的投资打下基础。存钱需要防止消费诱惑，要制定合理的消费计划，并保持耐心与决心。只有坚守储蓄习惯，才能为未来打下坚实的财务基础。

储蓄可以保证钱的安全。如果希望财富真正增值，就需要让钱生钱。这意味着要找到适合自己的投资方式，让资金获得更大的回报。投资有很多形式，比如股票、债券、房地产、基金等。在选择投资时，需要了解风险与收益的平衡，同时考虑自身的风险承受能力和投资目标。此外，还有一个重要的原则是分散投资，可将资金分散到不同的领域和资产上以降低风险。

投资是一门非常复杂的学问，一般人很难一蹴而就。学习、咨询和向专业人士请教是实现财务自由的必要步骤。你们可以通过阅读书籍、参加培训课程、寻求专业人士的建议等方式，不断增加知识和技能，提高自己的投资水平；同时，也可以积极寻找和交流与财务管理有关的信息，结交经验丰富的人士，借助他们的经验和智慧，为自己的财富增长找到更多机会。

在财务管理的过程中，必须时刻注意防范风险。投资陷阱、各种骗局、市场波动、经济衰退、投资失败等都可能带来损失。因此，在投资时要谨慎，并做好风险评估和管理；同时，要理性对待市场波动，拥有长远的投资眼光。金钱的流动是一个风险与机遇并存的过程。如果只注重追求高收益，而忽略了风险的存在，财富可能就容易受到损失。因此，应该时刻关注风险，并采取适当的防范措施。

赚钱、存钱、让钱生钱以及防范风险，是一个循序渐进、相互促进的过程。财务自由并不仅仅是追逐物质财富，更是对生活品质的追求。通过合理的财务管理，可以实现个人目标，享受更好的生活。无论从哪个起点开始，只要勇于追求，不断学习和进步，相信总有一天，你们将成功地迈向财务自由的世界，并早日成为真正的主人。"

钱先生语重心长地说完，站起身来准备和兄妹俩告别。

　　兄妹俩郑重地点了点头，随后在钱先生的带领下来到了最初的旋转门前。兄妹俩依依不舍地向钱先生告别。他们意识到自己已经与这个金钱世界建立了深厚的情感纽带，他们并不想离开，但又不得不离开，因为只有钱先生才属于这里。

　　兄妹俩穿过旋转门，只见一片金光闪过，他们再次感觉头晕目眩起来。

　　"如果有缘，你们年满18周岁的时候，我们还会再见的。"迷茫之中，兄妹俩耳边隐隐传来钱先生笑呵呵的声音。

　　当兄妹俩完全清醒过来之际，他们已经回到了现实世界，只是眼前的那本《做金钱的主人》已经不再忽明忽暗地闪着金光，而是恢复了平常书籍的模样。

二十四、金钱世界的收获

　　兄妹俩带着书缓步走出昏暗的藏书室。他们原以为自己在藏书室度过了很长时间，但是当他们跨过门槛的一瞬间，他们被眼前的景象震撼到了：时间仿佛被扭曲了，因为墙上的挂钟相对进去的时间，指针只扫过了几分钟！

　　这个情况使得兄妹俩感到心神不安，他们急切地想要弄清楚发生了什么。正当他们准备找金爷爷寻求答案时，一股浓厚的神秘气息在空气中弥漫开来。他们转过头，忍不住吃惊地发现金爷爷就站在不远处，笑容满面，仿佛早已预知发生的一切。金爷爷似乎拥有某种神奇的力量，能够洞悉时空的变幻。

　　这一幕如同超现实的梦境，让兄妹俩的心中涌起一团疑问。在静谧的氛围中，兄妹俩带着既敬畏又好奇的目光望向金爷爷，期待他解开这谜团的答案。但金爷爷只是继续保持微笑，向兄妹俩轻轻地挥了挥手，然后就消失不见了。藏书室的门也变成了一面无缝的石墙。

　　兄妹俩找遍整个图书馆都没有发现金爷爷，他们问及图书馆的其他工作人员,竟然没人知道金爷爷,工作人员说从未见过这个人。

兄妹俩一时惊得目瞪口呆,好半晌才回过神来。带着对金爷爷神秘消失的疑惑,怀着对钱先生的眷恋,他们回到了家中。

兴奋的兄妹俩叽叽喳喳地向爸爸妈妈讲述了这段神奇的经历。妈妈开心地看到了孩子们的成长,爸爸听完后更是兴奋地大叫起来,因为钱先生的很多做法他自己非常认可的,尤其是仆人叠加变身的主意对爸爸启发很大。

回到现实生活后,兄妹俩经常讨论,也时常和身边的同学朋友分享自己的经验。随着时间的流逝,吴小萌虽然对很多内容慢慢淡忘了,但她对那段经历中涉及的几个观念印象格外深刻:一是要尽早做金钱的主人;二是要把压岁钱用于定投指数基金;三是要努力学习,考一所好大学,去接触和结识更多优秀的同学和朋友,找到可以办成大事的人并跟着她(他)一起取得成功。

与妹妹不同,吴小哲还下定决心,将来要成为像巴菲特那样的成功的投资人,真正学到点石成金的能力。他还计划18岁时再进入金钱世界去请教钱先生。但是,现在他还有一桩最紧迫的心事和许多疑惑需要尽快和爸爸沟通。

下篇
价值投资成长之旅

二十五、 压岁钱的秘密

"爸爸，你能不能跟我说一说，为什么帮我把压岁钱选择买入富森美（002818）这只股票呢？"一个安静的午后，父子俩对坐在家中小院茶椅旁，吴小哲郑重地问道。

吴小哲的压岁钱既没有存银行，也没有买指数基金，而是全部交给爸爸帮他做投资。这是吴小哲满 10 岁生日的时候，爸爸和他之间商量好的秘密，从来没有对其他人说过。爸爸说他 10 岁前的压岁钱，每年按 1 万元计入，累计起始资金为 10 万元。爸爸买入的股票正是富森美，11.2 元买入，虽然账户正式启动还只有半年时间，但现在股价已经上涨至 14 元，市值达到 12.7 万元，收益喜人。

钱先生没有将股票投资的具体方法告诉吴小哲，但他学习的兴趣反而更浓了；既然钱先生要他先向爸爸请教，所以他就迫不及待地向爸爸问起这个事关他"身家大事"的问题。

"呵呵，你能经历金钱世界的奇幻之旅，说明你和财富有缘。而且钱先生要你问我，自然有他的道理。我想可能是虽然你还小，但只要肯用心，相信你也能够听懂。选择买入富森美这只股票，主要是因为它非常符合我的好企业、好买点的投资标准。"爸爸笑着回答。

"好企业、好买点的投资标准是什么？"吴小哲问道。

"在我的投资体系中，股票投资其实就是做好这六个字。好企业是我们取得长期投资成功的关键，好买点则是取得短期好业绩的要点。两者缺一不可，结合应用得好的话，投资结果是比较理想的。

这有点像打扑克牌，要想增大自己获胜的概率，首先是要抓一手好牌，投资中选择好企业就相当于我们选了一副好牌，这就让我们处于非常有利的位置。其次最好是能够看到或者猜到对手的底牌，投资中好买点的选择，就是通过一些技术指标和手段去观察市场中对手的出牌习惯和特点，我们要知己知彼，才能立于不败之地。"爸爸继续解释道。

"既然你有兴趣，我们可以好好聊一聊好企业的标准，这个方面其实巴菲特已经用一辈子的经验总结得非常好，我们可以直接用他的标准来筛选和考察合适的股票。"

"巴菲特选股的标准是什么？"吴小哲听爸爸这么一说，突然想到钱先生说过，巴菲特就是进入金钱世界的那个美国男孩，如果现在学到了巴菲特的投资办法，不就相当于学到了钱先生的办法吗？吴小哲仔细想了想，不觉变得兴奋起来。

二十六、股票投资之道

"在介绍巴菲特选股的标准之前,我要先和你讲几个投资的关键问题,这是取得长期投资成功的先决条件。"爸爸郑重地说道。

"第一个要说的是什么是正确的股票投资之道。"爸爸沉思了一会儿,继续说道。

"什么是正确的股票投资之道?"吴小哲附和着问。

"嗯,是的,这个问题非常重要,这是投资中大是大非的问题。你小学三年级的时候学过一个成语,叫做南辕北辙,还记得这个故事吗?"

"当然记得呀。故事说的是在战国时期,有一个人准备前往楚国,他驾着一辆马车沿着大路飞驰而去。途中他遇到了一个同路人,两人开始闲聊起来。这位同路人非常吃惊地问他:'楚国可是在南方,你为什么朝北走呢? 这样走,你要多久能到达楚国呢?'这个人并没有慌张,淡定地回答说:'没关系,我的马跑得很快,我不担心到不了楚国。'同路人有些着急地提醒他:'可是这样走,你会离楚国越来越远哦。'这个人指着自己的行李说:'没关系,我带了很多路费和干粮,足够走好多天了,路途遥远也没关系。'同路人非常着急地告诉这个人:'你走错了方向,这样走你是到不了楚国的。'然而,这个人却非常自信地说:'我的车夫驾驶技术非常好,不用担心。'同路人看到这个人如此迷糊,无奈之下只能摇摇头,叹了口气。"

"从这个故事里,你受到了什么启发?"爸爸问道。

"老师说过,这个故事主要是告诉我们,即使拥有优秀的驾驶技术和足够的资源,如果我们没有选择正确的道路,我们还是无法到达自己的目的地。"吴小哲回答道。

"是的,道路就是方向。方向的选择至关重要,尤其是在投资领域更加明显,甚至可以说,正确的方向比努力重要一百倍。只有通过仔细的规划,才能朝着正确的方向前进,实现我们的目标。

股票投资赚钱主要有两种流派,统称为技术派和价值派,我们把它们可以想象成两个方向。

金融市场总是在变化,有些人通过自己的聪明才智研究和总结一些方法,试图以万变应万变,不管用波浪理论、缠论、追龙头打板或者其他什么样的技术方式,我们都把它归为技术派。

投资历史上技术最厉害的人是美国的利弗莫尔。他是公认的技术分析鼻祖,他的很多理念现在仍被技术派的人学习和推崇,他也曾成为世界上最富有的人。1929 年美国大股灾时,利弗莫尔以一人之力战胜整个华尔街,赚了整整 1 亿美元。要知道,当年美国全年财政收入也才约 42 亿美元。有人计算过,当时的 1 亿美元相当于现在的 1 000 多亿美元呢。当时有很多报纸称利弗莫尔为'华尔街大空头'。

股票投资的历史上还有一位公认技术也很厉害的人是美国人江恩。他在 24 岁的时候做了第一笔棉花期货合约的买卖，并从中获利。他从金融市场共获取 5 000 万美元的利润。这笔钱相当于现在的 500 亿美元。有数据统计，1909 年江恩的交易技巧开始引人注目，在 286 次交易中，他只有 22 次亏损，成功率高达 92.3％呢。"

"哇，这两个人好厉害啊！"吴小哲兴奋过后，想到一个让人疑惑的问题："不过，怎么平时没有听人说起过呢？"

"他们在那个时代确实非常厉害，是很多人的学习榜样和偶像，但他们的人生结局并不好。利弗莫尔曾三次结婚、三次破产，63 岁时自尽身亡。江恩人生晚年的情况不明，但他的儿子在 1980 年接受《纽约时报》采访时表示，他父亲在年轻时做过股票交易，但后来基本不做交易了，靠写书和讲课养活一家，在去世时留下了 8 万美元和一套普通住房。

他们的人生大起大落，经常赚大钱，但也时常破产，最终结局比较悲惨。这应该也是现在很少有人再提起他们的主要原因吧。毕竟谁愿意去学习人生失败者呢？事实上很少有长寿且善终的技术投资大师。"

"他们这么厉害，你知道为什么他们还是会最终失败吗？"

吴小哲想了想回答说："是因为他们太骄傲了吗？"

"不是。主要是因为他们总需要战胜别人、战胜市场，依靠的是个人的力量。但是，市场总是在变化，只要是长期投资，没有人能一直战胜别人、战胜市场的。天下没有常胜将军，最终的失败自然在所难免。而且技术派一般必须紧跟市场变化，需要时时盯盘，心理压力很大。年轻时身体好精力足还没关系，往往年纪大了之后，人们身体都不太好，到晚年的时候，人们精力一旦跟不上，失败的概率自然就更大了。

这些人身心饱受摧残，很难长寿。有人开玩笑说，炒股的人心电图和投资业绩成正比。如果一个人的心电图总是大起大落，那怎么可能活得久呢？

次要的原因是他们的投资业绩大起大落，赚过大钱后他们对赚小钱、赚慢钱不再感兴趣，失去了平和的心态，更容易剑走偏锋。他们赌性更强，失败的风险当然也更大。这种方式本质上是一种零和游戏，注定有赢就有亏，不可能有长期只胜不败的赢家。

理性的人很容易想明白一个道理，世界上最厉害的技术派高手最终结局都不好，我们作为普通人，为什么还要去走这条不归路呢？你可以设想一下，如果我现在告诉你，你学习某种方法能够成为富翁，但老的时候结局很不好，这样的方法你想学吗？"爸爸戏谑地看向吴小哲问道。

"我不想，我才不想呢！"吴小哲把头摇得像拨浪鼓。

"爸爸你快和我说另一种方法吧！"

"另一种方法本质上是面对不断变化的市场，投资人以自己的方式选出优秀的企业，伴随企业的不断成长而赚到大钱。这是一种增量游戏，只要方法正确、投资研究水平高超，就能够出现常胜的赢家。总的来说，这种方法是以不变应万变，人们常常称它为价值投资。

投资历史上公认的价值投资开创人叫格雷厄姆，他是价值投资鼻祖，享有'华尔街教父'的美誉。他的代表作品有《证券分析》

《聪明的投资者》等。1948 年格雷厄姆创立的基金到 1972 年的 24 年里增长了超过 80 倍以上，年均复利增长在 20% 以上。格雷厄姆个人财务自由之后对赚钱兴趣不大，而是热衷于传道育人，教出了一大批优秀的弟子，如现在已经 94 岁的巴菲特、活到 96 岁的施洛斯、活到 109 岁的欧文·卡恩等，他们都是闻名世界的投资大师。

当下最有名的价值投资大师当然是巴菲特了。他靠投资不仅成为过世界首富，即使到现在，他个人还有上千亿美元的财富，常年位列世界财富榜的前 10 名，被世人称为股神。

价值投资这一派的投资人有几个明显的特点：他们的财富总是越来越多，自己也越老越值钱，即使老了心态也很平和，即使到了八九十岁他们还能做自己喜欢和擅长的事情。其主要原因在于他们不需要战胜别人，战胜市场，他们只要做好自己，与优秀企业为伍，在企业成长的过程中稳稳地增长自己的财富。而且他们在做好投资基本功的时候，讲究远离市场，免受市场的干扰和影响。巴菲特办公室甚至连电脑都没有呢。这也是他们能够长寿的另一个主要原因。"

"你知道为什么世界上有名的投资大师大多是价值投资这一派，很少有技术派吗？"

"为什么呀？"吴小哲问。

"其实原因也很简单，人们常说胜者为王，从另一个角度来说其实是剩者为王。技术派的大师容易早逝，人生的财富就没有延续，积累的财富有限；价值投资派的大师活得久，每多活一年，在复利的帮助下，他们的财富自然越来越多，更容易被世人景仰。多活的几十年累积下,两者差距越来越大,以至有天壤之别。"

"格雷厄姆的人生结局怎么样?"吴小哲好奇地问。

"他一生富足,虽然他1956年62岁时就解散了自己的投资公司,专注于享受生活20年,但是他82岁去世时仍有300万美元资产,相对于现在仍然是妥妥的亿万富翁呢。"

"两种方式赚钱的策略和内容截然不同,甚至是两条完全相反的道路,你会选哪一条呢?"

"我想一辈子都当富翁呢,当然选价值投资这条路啦。"吴小哲坚定地回答。

"祝贺你走上了正确的道路!"爸爸高兴地向吴小哲伸出了大拇指。

"事实上,这也是未来真正可持续的投资道路。因为随着科技的发展,人工智能会越来越强大,任何以博弈决定胜负的技术方式都可能被取代,因为机器肯定比人脑算得更快、更准。但唯有以常识取胜的价值投资可以长存,因为影响投资中的人性贪婪和恐惧任何机器都不能量化和测量。"

"你现在知道什么是股票投资之道了吗?"

吴小哲摇了摇头。

"正确的股票投资之道,本质上就是用价值投资的体系去选择和买入好企业的股票,并长期持有。"爸爸最后用一句话概括了股票投资之道。

二十七、七亏两平一赢

　　"我想和你说的第二个关键问题,是投资中一句叫做'七亏两平一赢'的股谚。"爸爸停顿了一会,接着说。

　　"在正式介绍这句股谚前,我先问你一个小问题。有一个人说:我如果知道自己会死在那里,我就永远不会去那个地方。你认为这个人聪明吗?"爸爸不急不缓地问。

　　吴小哲想了一会,突然恍然大悟地说道:"这个人确实聪明。他知道自己会死在那里,就永远不去那个地方;这样一来,他就永远地避开了这个会导致他死亡的地点,也就永远不会死了呢!"

　　"确实如此。这个道理并不难理解,你这个 10 岁的小朋友都能够想明白的事情,很多大人却想不清楚。"

　　"爸爸,你说的这个故事和投资股票好像没什么关系啊?"吴小哲疑惑地说。

　　"看上去没关系,事实上关系很大。很多事情看上去很难,但是如果能够反过来想,其实也比想象中要更容易。"

　　"进入股市的人肯定都想赚钱,不然他们就不会投资股票了。

但是这个事情如何反过来想呢？其实很简单,那就是在进入股市前找出那些会导致亏钱的原因,然后去避免做导致亏钱的事情,赚钱不就是顺理成章的事情吗?"爸爸耐心地解释说道。

吴小哲听后认可地点了点头。

"股谚'七亏两平一赢'的意思是说进入股市的人,10 个人中有 7 个会亏损,有 2 个人勉强保本,只有 1 个人能够赚钱。"

"只有 10％能够盈利,赚钱的人这么少吗?"吴小哲惊讶地问。

"其实还没这么高,事实上,真正能够长期赚钱的人可能只有 3％。"

"为什么亏损的人会这么多呀?"

"比较残酷的事实是大多数人注定会亏损,这是因为股市有三大群体只赚不亏,而且资金的数量特别大。"

"第一是国家征收税费,股市里每一次交易都要交印花税,虽然每个人具体交易的时候,看上去只有几元钱或者几十元钱一次,数量并不多。但是参与者总数很多,这个数字统计起来是很惊人的。根据中国财政部或者是相关权威的官方机构公布的数字,2015 — 2022 年印花税累计达 8 760 亿元。

第二是券商佣金,股民们每次交易都是通过证券公司完成,它们会收取一定的手续费,因为参与者总数很多,而且交易比较频繁,这一块加起来数字也是非常巨大的,2015 — 2022 年券商佣金累计达到 11 331 亿元。

第三是大小股东,这些人在公司上市前,就已经是这个企业的股东了,他们的买入成本很低,有些几毛钱,一上市之后变成几元,甚至几十上百元。他们就稳赚几十甚至上百倍了,后期无论股价怎么下跌,他们都是赚的。很多人只要条件允许就会选择卖掉。这一块更是天文数字,即使保守估算,2015 — 2022年大小股东卖出的金额累计高达24 160亿元。

国家的印花税会用于其他的民生,证券公司会用这些佣金给员工发工资,小股东会拿着赚到的钱去买房子改善生活等。总而言之,这三大群体稳赚不赔,而且这些资金一般只出不进。2015 — 2022年三大群体的数据加起来,累计达到4.4万亿元。

光看这组数字除了感觉大,其实大多数人没有什么概念,但是如果结合另一组数据一起看,你虽然是小朋友,但应该也能明白为什么只有3%的人能赚钱了。

2016年中国证券公司统计了投资者参与人数和投入资金的情况,虽然到现在有好几年了,但是参考价值还是比较大的。当时统计全中国大概有1亿股民,现在这个开户数字接近突破2亿。当然,有很多账户已经没用了,实际参与的人数估计5 000万左右。统计数字显示,不少人投入资金在10万元以下,属于玩一玩的性质;绝大多数人投入10万元以上50万元以下。总的来说,投入50万元以下的参与者占90%。以投入资金的中位数计算,也就是说投入10万元以下的按5万元来算,50万元以下的按25万元算。90%的人加起来的钱,大概是4.5万亿元左右。"

"4.4万亿元和4.5万亿元,你有没有感觉这两个数字很有意思啊? 是不是非常接近? 知道这意味着什么吗?"爸爸发出三连问。

"这个我听不懂,还是你告诉我吧。"吴小哲如实地回答。

"嗯,确实有点难为你了。这样说吧,股市好比一个大蛋糕,这个蛋糕由大家都把钱凑到一起而形成。但是很多人不知道,在大家等着分蛋糕的时候,已经有 3 个巨人从蛋糕里每人挖走了一大块,只剩下一小块供大家抢。因为蛋糕非常大,即使只剩下一小块,在每个人眼里看上去还是像山一样大。他们仍然认为蛋糕是在平均分配,甚至认为自己能分到一大块。真实的情况是,90％的人凑齐的蛋糕刚刚只够填饱三大巨人的肚子。"

"现在明白了吗?"爸爸问道。

"明白了,90％的人注定赚不到钱的原因,是因为他们的钱被三大群体吃掉了。"吴小哲若有所思地回答道。

"在这种情况下,大多数人亏损是不是一种必然?'七亏两平一赢'不是一句简单的股谚,这句话的背后是一个残酷的事实。也就是说,绝大多数人到股市里面,如果没有正确的理念和方法的话,注定是亏钱的。这是命运,一般人根本挣脱不了。

中国股市有一个规律,一轮牛市和熊市的周期一般是 7 年,很多人认为这只是偶然现象,其实这是一种必然。原因很简单,因为需要 7 年左右的时间,三大群体才会把绝大多数人的钱慢慢耗光。"

"这个市场也太不公平了。"吴小哲愤愤不平地说。

"不公平? 这个市场实际上比你想象中更残酷;因为除了三大群体,普通人想要吃仅剩的一点蛋糕,还需要面对经验、实力都完全不对等的几类人,他们也在虎视眈眈呢。"爸爸说道。

"真的吗? 还有哪些?"吴小哲瞪大眼睛,未置可否地问。

"首先是市场中的各种专业投资集团,他们有先天的资本优势、信息优势、人才优势,这些完全是普通人不可比拟的;其次是市场中久经考验的真正的高手、老手,这部分人资金大,有成熟的投研体系,他们都有自己的绝招,确实能够做到长期持续稳定赢利。再次是各行各业的专家和公司内部人员,他们对企业的理解和了解都远远超过一般人。普通人和这些人同场竞技,取胜的希望实在渺茫。

现在中国开户人数突破 2 亿了,这 2 亿人可以说囊括了全中国最聪明、最专业、财务最好、最勤奋好学的社会精英。为什么这么说呢? 他们基本上都在城市里工作,有一份稳定的收入,都进入过这个市场,或者正在参与这个市场。股票投资是竞争最激烈的行业,因为没有其他行业的参与者能够达到 2 亿人。在这样高度自由竞争的行业里,普通人凭什么比别人强? 到底靠什么取胜?自己真的长期能从股市赚到钱吗? 这是一个值得深思的问题。

现在你应该清楚,投资为什么没那么容易,为什么长期赚钱的投资者只剩下 3‰ 了吧。中国有句老话,叫做多易必多难。一个 2 亿人可以轻易参与的市场,要想长期取得成功,自然会变得很难。其实这也符合天道。天道是什么? 天道就是常识,股票投资的常识就是大多数人注定亏损,只有极少数人能长期赢利。这就像金字塔一样,一定是下边大,上边小;如果倒过来,金字塔肯定早就不存在了。

股市其实就像丛林,这里面有老虎、狮子,也有蛇、鼠、牛、羊,有大象、河马,也有蚊子、螳螂。尽管它们体格大小、力量高低不一样,丛林里危机重重,但它们能够长期生存,就一定有它们的生存之道。一个人要想在股市长期赚到钱,就一定要有自己的投资绝招。

股市也像人类进入丛林打猎，如果一个人只是看到邻居打到了好猎物，就冲动地随便捡根木棍冲进丛林抢食，在物产丰富的时节，也许偶尔能摘到一些果子；但长期下来，打不到猎不说，哪怕不死也难免要脱层皮。而那些有经验的老猎手，即使本领再高，他们也会事前带好各种武器，准备疗伤的药品，带好干粮并做好计划。即使老猎手做好了一切准备，他们也只会选择在猎物多、天气好的时节到自己熟悉的地盘去打猎。"

　　爸爸对股市投资的丛林法则作了系统而形象的归纳总结。

二十八、牛市是亏损之源

　　"爸爸,我有个疑问,既然股市赚钱这么难,为什么大人们都还乐此不疲呢? 少数人可能是笨,但股市这么多人不会都是笨蛋吧?"吴小哲疑惑地问道。

　　"这是一个非常好的问题。"爸爸赞许地点点头。

　　"这个问题要从人们为什么会进入股市说起。股市里有句股谚:'牛市是亏损之源。'股市有一个低门槛的假象,似乎人们手机一开户就可以赚钱了。事实上,每一个参与的人都认为自己能赚钱,对不对? 如果没有这种认识,他肯定不会去参与嘛。

　　刚才的数据说明了 90% 的人在股市赚不到钱的事实。但人们还是热衷于股市,是因为新手进入股市一般都是在市场最狂热、最容易赚钱的时候,轻松的赢利会让人产生一种股市赚钱很容易的错觉。没有人真傻到明知会亏钱,还往股市大量投钱,他这样做一定有原因。事实上,大多数人确实是尝到轻松赚钱的甜头,只有在这种情况下他们才会在后期加大投入。至于开始容易赚钱,后来最终亏损,这主要是由于普通人的资金是倒金字塔投入股市导

135

致的。"

"什么是倒金字塔投入?"细心的吴小哲插话说。

"倒金字塔投入可以简单理解为开始投入小,后期投入大。你可以想象一下,这种投入方式安不安全呢?"

"金字塔倒过来了,不仅不安全,还应该非常危险吧?"吴小哲似懂非懂地问。

"确实如此,非常危险。这也是普通人开始虽然能够获得盈利,最终却会投资失败的主要原因。"爸爸回答道。

"人们为什么不反过来正金字塔投入,如果这样的话不就赚钱了吗?"吴小哲疑惑地问道。

"理论上确实是这样,而且事实上,真正的老手、高手确实是这样做的。正金字塔的话,就是在最开始的时候投入大部分资金,如果股价上涨,就不断减少投入或者不再投入,这样在股价低的时候投入最大,股价上涨过程中收益也越大。而普通人做不到的原因,主要还是受到人性恐惧和贪婪的影响。

普通人进入股市,一定是因为身边的人都赚钱的时候,才会有兴趣进入。你们还太小,可能不太好理解。我举个例子来说一说他们由赚到亏的过程,你们应该就能明白了。

假如一个人有100万元,投入股市的话大多数人会怎么做呢?对于新手来说,他看到身边的人都赚钱了,而且赚得不少,在人性的贪婪心影响下,他自然也想进入股市分一杯羹。不过,对于新手来说股市毕竟是个未知事物,而且他们可能听长辈或其他老股民说过股市风险很大,这时人性的恐惧还是占据上风。"

"想赚钱又怕亏钱,这时最可能的选择会是怎么样呢?"爸爸问道。

"如果是我的话，我就拿一点钱先试一试，学习一下，学会了再投入更多的钱。"吴小哲回答道。

"哈哈，不单是你哦，绝大多数大人也是这样想并且是这么做的。"爸爸笑哈哈地说道。

"在开始的时候会拿个几万元钱试一下，对不对？试一下玩一玩，为了自己不受太大的伤害，往往投入资金比较少，美其名曰'练练手，用点小钱积累经验'。因为是在牛市，可能一两个星期就赚了 20%。这时他们会感觉赚钱很容易，胆子会变大一点。从人性的角度来说，快速赚钱会让贪婪占据恐惧的上风，所以人们可能会追加一二十万元投入，因为还在牛市，股票继续上涨的时候，他们仍然会赚钱，而且因为本金变大，即使同样的盈利比例，他们也会比以前赚得更多。经历了两轮收获，他们就会信心爆棚，贪婪进一步占据上风。

其实新股民刚刚进入股市的时候，一般都会非常谨慎，勤于学习各种新知识。牛市的上涨会让新股民觉得学到的内容非常有用，效果非常好。善于钻研的人还会惊喜地认为自己发现和总结了所谓的'独家秘诀'。其不断的盈利让他们觉得自己的理念得到了印证，继而不断加大资金投入。

真的是他个人天赋异禀，能力超强吗？当然不是。其实只是因为赚钱效应吸引了很多新人的加入，市场快速地涌入了大量的资金，水涨船高而已。股票投资市场经过几百年的发展，无数聪明而勤奋的人参与其中，任何实用的好办法都已经写在了纸上，已经没有任何秘密可言。牛市赚钱的确容易。讲个笑话给你听就知道了,有人听朋友消息准备买入 600188,结果他买的时候打错了代码而输入 600688,正在懊悔犯错的时候,没想到第二天 600688 竟然涨停了,他意外地赚了不少钱。这样的稀奇事在牛市里面不在少数,很多人高呼股市买股就是捡钱。

此时人性的贪婪往往会彻底地压倒内心的最后一丝恐惧,而完全被巨大的盈利冲昏头脑。他们后悔之前太胆小、投入太少,没有赚够,这时他们便会有多少钱就投入多少钱。

股市另有一句老话,叫做'树不会长到天上去'。它的意思是说股价不会一直上涨。当新人都把全部资金投入股市的时候,此时往往就是牛市的顶点,因为基本上已经没有了可入场的新资金,股价就再也上不去了。

牛市末端股票就像向空中抛出的皮球,失去了上涨的最后一丝动力,开始掉头下降。而且一旦趋势逆转,下降的速度会越来越快。在这种情况下,熊市就来了。新手从收益上来说可能之前也赚了一倍甚至几倍,但赚到的绝对金额相对于最后投入的总资金来说,其实比重并不大。市场只要下跌 20%,可能他们原来赚的钱会全部亏掉,甚至开始亏损本金。这时他们虽然开始恐惧,但失去金钱的担忧会让他们犹豫不决,而且时不时地反弹也会让他们抱有幻想和侥幸的期待,以致他们不会选择及时卖出。而稍稍犹豫,股市反弹结束后将再次快速下跌,他们直接就被深度套牢了。此时看到账面上的巨大亏损,他们就更下不了决心卖掉。时间一长,他们亏损太厉害,就干脆选择躺平,不管不顾,甚至连打开账户的勇气都没有了。

这就是大部分人牛市亏损的原因,也是倒金字塔投入资金必然会出现的结果。在开始赚钱幅度大的时候投资者投入本金小，后来亏钱的时候虽然幅度小但本金大，亏损的总和远远大于之前的盈利。与此相反，正金字塔投入的股市老手开始投入大，涨幅也大，在资金总量上涨一两倍的情况下，即使市场下跌30％，他们的盈利还是很多，不管是卖掉还是长期持有都是可以实现赢利的。

股市还真是个奇妙的地方。很多人为了赚钱而涌进股市，希望成为那少数赢家中的一员。这就像赌博一样，人们心里常常有赌胜的心理；有时候他们抱着这种心态赢了一次，就更加深信自己能赢。赚钱的时候，人们会兴高采烈地向大家炫耀自己的成功。但是亏钱的时候，他们只会默默承受损失，有苦水也只能往肚子里咽，然后试着换个策略再来一次。

在一次又一次的往复循环中，那些输得多的人会害怕再次进入市场，因为他们吃过苦头。他们发誓再也不碰股市了，但是一旦市场情况变好，他们又控制不住自己，又会冲动地进入股市。几次反复之后，人们变得筋疲力尽，花费了大量精力，浪费了时间。更糟糕的是，他们赢了也不知道为什么赢，输了也不明白为何亏。他们看了技术分析，查了经典案例，读了股市经典，付出了很多努力，可结果依然是亏钱，他们感到心里没底。

在股市中，如果买卖不够明智，就很可能会亏钱。股市不是赌场，炒股也不是赌博。股市更多的是对人性的考验，那些急于发财的贪心者通常没法赚到钱，只有那些经得住考验、能够控制自己情绪的人才能在股市中成功，才能成为大多数人眼中的赢家。

在牛市中，当大多数人都在追逐同一只热门股票的时候，盲目跟风成了很多投资者的习惯。市场涨的时候，每个人都追逐所谓的'牛股'。这种盲目跟风往往导致股票价格被过度高估，甚至形成泡沫。当市场情绪逆转时，很多投资者迟迟不愿意退出，最终陷入巨大的亏损之中。

牛市中赚钱的机会看上去很多，很多人变得过于自信。他们认为自己做什么决策都能赚。然而，这种过于自信会导致他们忽视了风险的存在。牛市中同样存在风险，只是被市场的繁荣掩盖。当市场转变时，他们才会发现自己的决策错了，亏损也就无法避免了。

在牛市中，很多人会试图通过投资各种不同的品种来追求更大的利润。他们觉得只要将投资分散，就能减少风险。然而，盲目地扩大投资品种往往导致投资者对市场的了解不足。不同的投资品种有不同的特点和规律，盲目扩展会分散投资者的注意力和资源，使他们无法全面了解每个品种的变化。当市场发生变化时，他们常常无法及时把握机会，反而会遭受更大的损失。

在牛市中，市场情绪会变化很大。投资者可能会受市场上涨的氛围影响，而做出情绪化的决策。他们可能会追涨杀跌，盲目地在高位买进或低位卖出。这样情绪化的决策不仅很难为他们带来稳定的投资收益，反而使他们更容易陷入亏损。

尽管牛市带来了很多机会，但也隐藏了一些陷阱。面对牛市，投资者必须保持清醒的头脑，避免盲目跟风和过度自信。要坚持良好的投资策略和风险控制，不要盲目扩展投资品种，避免情绪化的决策。只有这样，投资者才能稳健地获取长期投资收益，而不会成为亏损的牺牲品。投资需要理性决策，而不能被'市场先生'左右。"

爸爸对牛市为何亏损从多方面作了分析总结。

二十九、 股市赚钱的秘诀

"我没听太懂。股票投资这么难,风险还那么大啊!我觉得还是简单又轻松的教育储蓄和定投指数基金最好。"吴小哲似乎有点担忧。

"对于绝大多数普通人来说,确实如此。但你如果想成为优秀的投资人,就要记住我以前和你说过的话:有价值的事情通常有难度,容易的事情往往没价值。因为很难,所以选择主动放弃的人会很多,只要能克服困难,反而更容易取得成功。"

爸爸似乎觉察到小哲的担忧而提醒道。

"不过投资这件事情,还是需要因人而异。有些人天生谨慎,不善理财,他们采取保守的投资方式,虽然赚钱少,但至少能够保证不会亏钱;有些人善于学习,有理财的天分,掌握更好、更高效的投资方式就非常有必要。最差的是那种不懂又不学,盲目自信且乱投资的人,他们亏损也是必然的。

小哲你知道了股市的艰难,还能够坚持学习,说明你是真正热爱这个事业,这一点非常重要,也是你以后取得成功的基础。一般来说，做自己喜欢和擅长的事情更容易取得成功。"

"对了，还记得刚才我们聊到的那个聪明人的故事吗？"爸爸提醒道。

"记得，那个聪明人找到了自己不死的办法。"吴小哲咧嘴一笑回答道。

"那你现在想想，你觉得股市里赚钱的秘诀是什么？"

吴小哲想了一会，觉得没有头绪，无可奈何地摇摇头。

"其实就是四个字：不要亏损。"

"就是做到不要亏钱的意思吗？ 这个太难了吧，除非是神仙，能够未卜先知，否则怎么可能完全不亏钱呢？"吴小哲疑惑地问。

"不要亏损并不是说绝对不亏钱，而是要有把握地进行投资。刚才我们不是找到了普通人亏钱的主要原因吗？ 是不是也可以学一学那个聪明人的做法，避开这普通人亏钱的原因，不就做到了不会亏钱吗？ 如果真正做到了不亏钱，赚钱就是理所当然的事情啦。"

"其实方法也很简单。"爸爸继续说道。

"面对国家税收印花税和券商佣金，最好的应对方式就是减少交易。要知道，这些税费的消耗完全是隐形的，也是可以避免的。中国有句古话：省下的就是赚到的。对付大小股东，其实也不难，少碰或不碰还有天量未解禁的股票就可以了。股票全流通一段时间后，大小股东问题会明显淡化，因为该卖的早卖了，就没有影响了。至于股市中的老手、高手，多向他们学习就行了。另外，需要做的是收起一夜暴富、赚快钱的贪婪之心，少碰或不碰妖股、重组股、题材股等。避开了这些导致亏损的原因，基本上你就能远离亏损了。"

"有一个关于快速暴富的小故事,你想不想听啊?"爸爸话锋一转,笑着说道。

吴小哲开心地点了点头。

"有一个年轻人去请教一位高僧,据说高僧曾是一位投资高手。年轻人想请高僧告诉自己快速暴富的方法。大师说:'我看你很诚恳,看来你是真的想学,我不妨告诉你。方法其实很简单,你把全部资金,加上几倍的杠杆买入一只股,运气好的话,几天就能翻倍了,一个月下来,翻几倍也不在话下。'年轻人听了之后大喜,连连道谢。

正准备出门,年轻人突然想到一个问题,问道:'大师,如果运气不好的话,会怎么样?'大师说:'方法我已经教给你了。你如果运气不好,自然就破产了,不过那是你的事,与我无关啦。'大师看年轻人听后久久没有再作声,于是语重心长地对他说:'年轻人,还是要脚踏实地,少想一点一夜暴富,要是一夜暴富这么容易的话,我就不会在这里当几十年和尚了'。"

爸爸说完,两个人都哈哈大笑起来。

过了一会,爸爸又接着说:"其实普通人做投资也有很大的优势:第一个优势是钱闲等得起。大笔资金有优势,但它们的优势是相对的。如果将时间拉长至数年,它们是绝对耗不起的,因为它们成本很高。普通人只要是用闲置资金投资股市,资金三五个月甚至三五年不用都不会影响生活,也绝无资金压力。大资金就像万吨轮船,转向调头是需要巨大空间和足够时间的,但普通人的小笔资金就像一艘小快艇,随时可以在股海中自由航行。

普通人的第二个优势是目标可以很少。市场很大,其中的股票成千上万,普通人身处其中,有如刘姥姥进大观园,容易摸不着头脑。普通人如果其能够具有清醒的认识并做到固守能力圈,只关注或操作极少部分优秀企业的股票,就足够保障收益率。大资金信息来源广,但其短板却是目标太多,容易分散精力。

看清股市是为了更好地投资于股市,是为了打消一夜暴富的妄想,真正做到理性看待市场、敬畏市场。普通人调整好心态后,要充分发挥自身优势,做到扬长避短,打有准备之仗!

总的来说,普通人投资股票取胜之道是:通过减少交易频次,降低税费和佣金,规避大规模未解禁及有问题的股票,以长期投资为导向,选择少量优秀企业,固守能力圈,坚持自己的原则,耐心等待必胜的机会。这样做的本质就是践行价值投资之道。"

爸爸对如何投资股票作了最后的总结:规避亏损,走投资正道。

三十、巴菲特的选股标准

"现在我们可以来说一说巴菲特选股的标准了。"

爸爸惬意地喝了一口茶，打开了他最擅长的话匣子。

"巴菲特的投资准则主要分为企业准则、管理准则、财务准则、市场准则，共四大类，共12条。"

"第一类企业准则。企业是否简单易懂？企业是否有持续稳定的经营历史？企业是否有良好的长期前景？

第二类管理准则。管理层是否理性？管理层对股东是否坦诚？管理层能否抗拒惯性？

第三类财务准则。重视净资产收益率，而不是每股盈利；计算真正的'股东盈余'；寻找具有高利润率的企业。每1元的留存利润，至少创造1元的市值。

第四类市场准则。必须确定企业的市场价值，相对于企业的市场价值，能否以折扣价格购买到？"

"如果一个企业能通过这12条考验，就一定是一个值得投资的好股票。"爸爸肯定地说道。

"看来富森美这只股票应该是通过了这 12 条的考验啰。"吴小哲开心地笑道。

"你既然想听,我们就不妨来逐条对照一下吧。"

"相关公开资料显示,富森美是成都地区领先的建材家居大卖场,2016 年登陆深圳证券交易所。公司主营装饰建材家居市场的开发、租赁和服务,深耕四川成都市场。经过 20 余年的发展,公司从 1 家门店逐年发展到 9 个大型商场,2023 年下半年又新开了一家大商场。目前公司已经成为四川地区规模较大、综合竞争力最强的大型装饰建材家居流通区域龙头,在消费者认同度、行业影响力和市场集中度等方面都具备领先地位。

公司营业收入主要来自市场租赁及服务,占比达到 82.4%。另外,装饰装修工程收入占比为 8.3%,委托经营管理为 0.7%,营销广告策划为 0.6%,其他收入包含金融与投资收入等。

如果用一句通俗易懂的话来总结,富森美就是一家拥有 23 年经营历史、靠收取租金赚钱的建材家居大卖场公司。"

"你来判断一下,富森美是否能通过巴菲特选股的企业准则的考察呢?"爸爸提出了要求。

"收取租金赚钱这个生意还是很简单的,我能够听得懂;既然企业已经发展了 23 年,算得上是具有持续稳定的经营历史吧? 爸爸,你刚才说它 2023 年下半年又有 1 家新的大商场开业,这应该算是有着良好的长期发展前景。综合考虑这些情况,我觉得能够通过考察。"吴小哲认真地分析道。

"嗯,那我们接着往下分析。"爸爸满意地点了点头。

"相关公开资料显示,公司由三大股东刘兵先生、刘云华女士、刘义先生于 2000 年共同创办,其中刘兵为刘云华、刘义的弟弟,刘云华为刘兵、刘义的姐姐,三姐弟合计持股 79.26%。刘兵是公司的董事长,是公司的实际控制人。据了解,他们三姐弟为人低调,很少在公开场合露面,能够找到的相关资料并不多。我通过不同渠道了解,他们三姐弟没有不良嗜好,公司管理层也风格严谨。最为难得的是,在中国房地产疯狂发展的二十年,掌握资金优势的三姐弟始终坚守着自己的主业,没有涉足房地产行业。"

"你再来判断一下,富森美是否能通过巴菲特选股管理准则的考察呢?"爸爸又提出了要求。

"这点我很难判断,不过根据你的介绍,我认为公司管理层符合巴菲特说的理性、坦诚,并且能够抗拒惯性驱使。"吴小哲有点勉为其难地回答道。

"嗯,那我们继续往下分析。"

"公司历年财报显示,净资产收益率基本稳定在 14% 至 16% 之间;毛利率常年稳定在 70% 左右,净利率为 60% 左右。"

"毛利率和净利率我知道是什么意思,比率越高说明赚钱越多,但是净资产收益率是什么呀?"吴小哲问道。

"净资产收益率也称为股东权益报酬率。巴菲特曾说过,如果只能用一个指标来选股,那他只看净资产收益率。巴菲特认为净资产收益率是衡量一家公司经营业绩的最佳指标。如果结合一个股票的分红率一起来分析这个企业,就更有参考价值了。以富森美为例,2022 年度其分红为 10 派 6.8 元,也就是说每股分 0.68 元,相对你的买入价 11.2 元,分红率为 6.2%。

换个角度来说,我们买入富森美的股票,相当于把钱投给公司,每投入的100元钱富森美每年能赚到15元钱,其中6.2元会以股息的形式分给我们,剩下的盈利公司用于扩大经营或者投资。你觉得怎么样?"

"股息就相当于利息是吧?每年能收到6.2%的利息,比银行五年期2.75%的利息多了2.25倍,如果我们的本钱不亏的话,还是很划算的。"吴小哲也起劲地分析起来。

"确实如此,你的理解非常正确。至于本钱会不会亏损,需要我们做更多的研究和分析,我们不妨接着研究。

买入一只股票,不管买入多少股,本质上是买入企业的一部分股权。做股票投资非常重要的一点,是要用老板的视角去考虑划不划算。如果很划算的话,我们投入的本金亏损的可能性不大;反之,则风险很大。

富森美的总股本是7.48亿股,我们11.2元买入富森美这只股票,相当于出价83.78亿元买下整个企业。我们不管是买入100股,还是100万股,都要这样去思考。"

"这样去思考有什么好处吗?"吴小哲问道。

"当然有好处,我们要想知道自己买的公司划不划算,首先要有计算的内容和目标啊。我们以11.2元的价格买入富森美的股票,本质上就是出价83.78亿元买下富森美公司,有了这个具体的数字,我们只要弄清楚买了哪些具体的东西,不就可以算出是否划算了吗?

最新财报显示,富森美公司账上有4.65亿元现金,另外11.12亿元为交易性金融资产,进一步查询确认这笔资金,可以了解到公司主要是买入了理财产品和用于债券等权益类投资。这些专有名词你不用管，可以理解为公司有多余的资金，存到银行买短期的理财产品赚利息。两项合计为 15.77 亿元。我们 83.78 亿元买下了富森美公司，这笔钱就归我们了。你现在算一下，我们实际付出了多少钱？”

“68.01 亿元。”心算很好的吴小哲立即报出了答案。

“嗯，非常不错。不过这还只是一个开始，我们继续往下分析。

一个人有钱存银行是好事，但更重要的是没有负债。我们中国有句老话，叫做无债一身轻。有些人看上去有钱，但实际上都是借的，这种有钱终究难以持久。其实一家公司也是一样，所以我们固然要关注公司的存款，更要重视公司的负债。好消息是，最新财报显示，富森美没有长期借款，短期借款也只有 0.1 亿元，这个借款相对于存款来说，几乎可以忽略不计。所以，从目前的几个重要指标来说，富森美不仅没欠债，还存了一大笔钱，公司的财务是非常好的。

除了存在银行的理财资金，我们再来看看富森美的对外投资情况。

通过最新财报我们可以发现，富森美有以下几项较大的投资：小额信贷保理款 5.46 亿元；各项长期投资共 4.3 亿元，其中主要是投资入股成都宏明电子股份有限公司 3.87 亿元，成都云智天下科技股份有限公司 0.42 亿元；另外参与上市公司大全能源定增投资 2.8 亿元。其他十余家投资类合伙小企业共计 4.45 亿元；这几项合计 17.01 亿元。”

“这些投资是什么意思呀？”吴小哲好奇地问道。

“小额信贷保理与富森美的经营模式有关，因为它是商场收租的公司,所以主要客户就是经营店铺的租户。他们经营一家店铺,进出货物一般资金需求比较大,这种小商户到其他地方借贷不方便,利率也高;富森美把收到的租金借给这些有资金需求的租户,一方面是帮助租户更好地经营,另一方面也可以增加公司的收益,可以说是用租户的钱赚钱,对双方都是个好事。"

"哇,这个也太好了吧,收别人的钱再把这个钱借给对方,相当于是赚了两次钱啊!"吴小哲兴奋地说道。

"从某个角度来说,确实如此。其实更重要的是,这个借出的钱相对安全,因为租户如果赖账不还的话,他们还有店在富森美的商场抵押,这个店的投资肯定远大于租户借的钱。所以,在这个投资上,富森美本身没有太多坏账的风险,收益也非常不错。

我们再来看第二大投资成都宏明电子股份有限公司。我通过查询相关资料了解到,这家公司是成都的一家大型企业。相关公开资料显示,这家公司已经通过重重考核,即将公开上市,富森美相当于买了原始股,如果顺利上市,富森美肯定能够大赚一笔。"

"看来这也是个好投资啦!"吴小哲听后更开心了。

"不要高兴得太早哦,富森美的另外两笔投资可能就不太理想了。公司参与定增的上市公司大全能源的投资,相较于定增价格股价已经下跌不少,这意味着富森美在这笔投资上目前处于亏损状态;由于现在股市处于熊市,大多数个股都在下跌。不过,好在公司投资的其他十余家投资类的合伙企业基本持平。"

吴小哲听到这个不利的消息,激昂的情绪随即冷却下来。

"其实富森美有一个更好的投资对象。"爸爸看着吴小哲激烈的情绪变化,微笑着说道。

"真的吗？太好了,是什么投资对象?"

"就是富森美自己。"

"富森美自己？自己投资自己吗?"吴小哲丈二和尚摸不着头脑。

"嗯,投资界把这种情况称为回购。这方面世界上做得最好的是美国企业家亨利·辛格尔顿管理的特利丹公司。他的特利丹公司1971—1984年营收和净利润实现了2.2倍和7.1倍的增长,但其每股收益却实现了40.3倍的增长。这一奇迹的产生,最主要的原因是由于辛格尔顿自1972年开始,在公司市盈率低到个位数时,开启了股票市场规模最大的回购,1972—1984年他从公开市场回购了公司总股本90％的流通股！这一举动对特利丹的股价产生了巨大的影响。1963—1990年辛格尔顿管理特利丹公司期间,累计收益高达180倍,给他自己和股东们创造了巨大的财富。

富森美生意模式简单,财务状况优秀,低估值高分红,公司很多方面与辛格尔顿管理的特利丹公司有相似之处,虽然增长速度不快,但十分稳健。公司有大量的自由现金流可以用于回购,现在压制公司发展的疫情和地产政策都已全面放开,没有什么力量再能阻挡公司的长远发展。

考虑到富森美目前的股价明显低估,市场对公司的潜力尚未完全认可,公司与其将闲置资金买入其他平庸公司的股票,不如买入优秀而且明显被低估的自己。通过合理合法的回购股票,公司向市场展示出强大信心,进一步增加了投资者的信任度和关注度。回购股票不仅可以展示公司的价值,更可以提高股东的利益,为公司的稳定发展提供更大的空间和机会。"

"回购对我们有什么好处呢?"吴小哲问道。

"回购有两方面的好处:从企业的角度来说可以避税,因为公司直接发放现金股利的话,税率是很高的;回购股票同样是相当于给股东发放现金股利而税率又低的一种方式。我们买入富森美的股票,就成了它的股东。从股东的角度来说,回购后注销的股份可以减少公司的股份而增加股东的权益,能够使每股的收益扩大。这样做可以提高公司的净资产收益率,相对来说减少公司的盈利压力,提高股票的市场价值,也能让公司股东持有的股票具备更多的价值,维护其合法权益。"

"我还是没有听懂。"吴小哲疑惑不解。

"我们可以假设一下,富森美赚 100 元钱,10 个人分,每人可以分得 10 元;公司回购会导致股份变少,相当于分钱的人减少。同样 100 元钱,如果只有 5 个人分,每人就可以分得 20 元了,这样对我们是不是更有利啊?"爸爸解释道。

"我明白了,这确实是一件大好事,是不是很多公司都会这样做呢?"

"事实上并不多。一是因为很多公司根本就没钱回购,二是有些公司管理层受外界的影响,更喜欢追逐一些预期更高收益的目标。从我的分析来说,富森美现在明显低估,是非常好的回购时机。与其去投资其他确定性不高的项目,还不如回购自己的股票。"

"为什么说富森美明显低估呢?"吴小哲反问。

"我们回到刚才的数字,还记得扣除公司现金和理财资金后,我们还要花多少钱可以买下富森美吗?"

"68.01 亿元。"吴小哲爽朗地答道。

"我们以老板的思维方式买下富森美后,公司现在这些投资也归我们了。我们先不去管它的增值或减值,就按原价计算好了,我们可以在买价上再扣除 17.01 亿元。"

"太好了,这样一来,岂不是相当于我们只需要用 51 亿元就可以买下整个富森美了吗?"吴小哲兴奋地说道。

"嗯,可以这样去思考。不过,计算用多少钱买下公司本身不重要,真正重要的是我们搞清楚这个真实的投入成本后,看看每年赚的钱是否划算。最新财报显示,2022 年富森美收入为 14.83 亿元,扣除各种成本费用后净利润为 7.83 亿元。如果仔细研究的话,我们可以发现富森美的实际净利润应该更高。因为 2022 年成都地区受高温限电和新冠疫情影响,公司为了帮助租户们渡过经营难关,主动免除了两个月商铺租金和服务费。因为这一善举,公司净利润减少 0.7 亿元。现在疫情已经过去,以后不会再出现这样的情况,所以 2022 年的真实利润是 8.53 亿元。"

"富森美用自己应得的钱去补贴租户,你觉得这是好事还是坏事啊?"爸爸提问道。

"虽然公司做了好事,但对于我们来说是坏事,因为利润减少了,我们分的钱变少了。"吴小哲回答道。

"不错,短期来说确实如此,不过我们中国有句老话'锦上添花谁不会,雪中送炭有几人'? 你想想看,如果你遇到困难的时候有人帮你,你的感觉会怎么样?"

"我会非常感激他,把他当成最好的朋友。"吴小哲郑重地说道。

"嗯,说得好。其实不仅是个人,公司也是一样。做生意要想做得长久,不能唯利是图,只顾自己利益,不管他人死活。富森美这样做,短期来说确实受到了损失,但从长期的角度来看,这些租户会更加信任和感谢富森美公司,双方的合作就能更长久、更稳定。所以,富森美这样做是完全正确的事情。如果仅仅因为净利润减少就认为富森美公司的业绩变差了,公司不好了,选择卖出股票,那只能说这样的人还没有入投资的门,赚不到钱也是必然的。"

"我们回到公司研究本身,继续刚才的分析。"爸爸继续分析起来。

"刚才已经算过了,我们在 11.2 元的股价买入,实际上是相当于用 51 亿元买下整个富森美公司,它现在一年能够赚 8.53 亿元。你算一算我们需要多久能够回本,然后你再想一想买入的这个生意划不划算?"

"差不多 6 年能够回本。平均算下来,实际的收益率达到了 16.7%。哇!非常好呢,比定投指数基金每年 10% 的收益又高了 2/3 倍呢,非常划算!股票投资这个仆人,能力确实强大多了。"吴小哲快速计算了一下,兴奋地说出了喜人的结果。

"确实不错,这也是我选择帮你买富森美的一个重要原因,但还不是全部原因,还有一些问题需要进一步研究和分析。"

"还有什么问题需要研究和分析呢?"吴小哲似乎有点不耐烦了。

"接下来我们要看应收应付数据,因为我们不能光想着赚钱,还要重点看它钱是怎么来的。要看这个钱赚得真不真实、可不可靠,千万不能被眼前的数字冲昏了头脑。何况巴菲特的投资准则我们还没有研究完呢。"

吴小哲认真地点了点头，深刻体会到了投资的不容易。

"简单来说，应收就是别人欠我们的钱，应付就是我们欠别人的钱。任何大公司做生意，短期内都难免会有应收应付款的现象。最新财报显示，富森美的应收为 0.39 亿元，应付为 0.49 亿元；这两个数字相对于公司整体财务情况来说，显得很少。原因刚才我们研究过。这家公司就是一家收租金为主业的公司，生意模式极其简单明了，不需要什么资金的往来，所以应收应付少很正常。"

"你知道应收应付款少有什么好处吗？"爸爸问道。

"这个我不知道。"吴小哲如实地回答道。

"应收应付款少，说明自己欠别人的钱和别人欠自己的钱都很少。这样一来各种麻烦就少，二来出现赖账的可能性也更小，这和没有欠债是一样的道理。现实生活中，不管是我们欠别人的钱或东西，还是别人欠我们的钱或东西，一旦数额比较多，我们都不会安心，对不对？"

"确实是这样的，我的三国杀借给同桌大头一个星期了，我还担心他弄丢了呢。"吴小哲赞同地说道。

"应收应付款属于经营类指标。一般来说，业务模式简单的公司可持续性较强，发展会更稳健，风险自然也越小。"爸爸总结说道。

"我们接下来要看的指标是生产类指标，重点是固定资产和在建工程，一般包括房屋、厂房、机器设备、专利技术等内容。固定资产和在建工程这两个指标之所以重要，是因为公司主要靠它们赚钱和发展。

最新财报显示,富森美固定资产为 1.55 亿元,在建工程为 4.48 亿元。富森美的资产有一点特殊,还需要加入一个投资性房地产 15.2 亿元。因为它的主要资产就是商场本身,投资性房地产只是会计计账方式的不同。

固定资产和在建工程具体数字的多少本身并不重要,重要的是它们能够产生多少利润,及这些利润是否可以留存下来。

重资产的制造业公司要建大量的厂房,买很多贵重的设备,虽然其短期内可以赚不少钱,但随着时间的流逝,这些厂房和设备需要更新换代,可能公司会将之前赚的钱重新投入。多年以后,最终投资人得到的利润就是一堆过时的机器,这样的钱就没有太大的意义和价值,不能给投资人带来真正的财富。这是我们需要避开的企业。

富森美商场建好后开始收租,除了必要的维修外,其后期不需要再投入什么资金,这个生意是非常稳定的。富森美本身又没有什么债务,其即使将每年赚到的钱全部分给投资人,也不会对公司的经营产生任何影响。"

在分析富森美公司这么多特征以后,爸爸向小哲提出了要求:"现在你来总结一下,看看富森美是否能够通过巴菲特财务准则的考察?"

"富森美为了保护自己的租户主动放弃利润,说明它确实做到了不注重短期的每股盈利,更关注企业长期的良性发展;同时,公司非常重视保持和提高净资产收益率,赚到的钱都是真的,是一台很好的赚钱机器;公司如果将赚到的每 1 元钱都用于回购,则可以创造 1.67 元的价值。我觉得富森美完全能够通过巴菲特财务准则的考察。"吴小哲把现学来的知识,进行了归纳总结。

"总结得非常好。"爸爸竖起了大拇指。

得到爸爸的表扬,吴小哲开心地笑了。

"我们来看最后一个市场准则吧。你还记得具体内容吗?"

"记得,市场准则是指投资人必须确定企业的市场价值,然后比较相对于企业的市场价值,看能否以折扣价格买到。"吴小哲回答。

"不错,对于这个准则,巴菲特还有一个更通俗易懂的说法:'价值投资就是要用5毛钱买1元钱的东西。'我们先来分析研究一下富森美的价值情况,然后再去做比较吧。"

"相关资料显示,富森美公司主要资产为位于成都核心商圈的自有物业,建筑面积超过110万平方米。由于商场是自己建设自己管理,所以公司可根据市场情况、商户需求和自身发展阶段,灵活调整经营和商场布局,保证可持续发展。目前公司在南北两大商圈,均通过精心布局和差异化的市场定位,吸引成都及省内外商户入驻,满足消费者'一站式购齐'需要。

公司较早占据了成都核心地产资源,拿地成本较低,位置优越,无论采取何种经营方式都可以拥有较高的租金水平。公司经营线下家居零售业态具备可持续性。从发达国家的发展历史和中长期视角来看,未来线下市场仍是家居零售的主要渠道。富森美在成都地区深耕多年,凭借其卖场区位优势和品牌知名度,能够拥有稳定的盈利能力和现金流。

我们在11.2元的股价买入,实际上是相当于用51亿元买下整个富森美公司。换个角度可以说,这是目前市场给出的出价。

如果我们要知道这个价格买入划不划算,那么必须弄清楚一个终极问题:富森美到底值多少钱呢?

富森美因为主业就是收租,从本质上来说,公司最重要的资产就是房子和土地,通过对房产和土地的价格可以基本推算出富森美的真实价值。

我们还是先从公司提供的财报数据开始分析,富森美现有固定资产为 1.55 亿元,在建工程 4.48 亿元,投资性房地产 15.2 亿元,土地 13.5 亿元,四项合计 34.73 亿元,这一数字与 51 亿元相差 16.27 亿元。仔细观察的话,我们可以发现,13.5 亿元土地,很多土地都是公司 10 年前甚至是 20 年前买下的,而且进行了大额的折旧减值。在现实中,无论是房价还是地价都已经上涨了很多倍,这个账面价格是严重失真的。

即使只是从房屋价值的角度来考虑,我们也可以看到,2003 年成都的房价 2 000 元/平方米,经过 20 年的持续上涨,即使近几年房价有所下跌,2023 年成都的平均房价仍然达到 18 000 元/平方米,累计上涨了 8 倍。商铺历来比同地段的住房价格要高,我们保守估计,就按住房价格来计算。富森美主要资产为位于核心商圈的自有物业,根据相关数据统计,建筑面积超过 110 万平方米,如果用 51 亿元买入,可以理解为以 4 600 元/平方米的价格买入富森美的商铺,相对于 18 000 元/平方米的平均房价,相当于2.5 折。

我研究完富森美这家企业的主要数据和基本情况后,把它称为股票中的'白富美'。白,是因为其财务指标非常干净清白;富,是因为它的银行资金很多,投资也很多;美,是它的赚钱模式很美,业务非常简单稳定,它就是在成都这个城市核心地段收租的。其实富森美这家公司有点类似于巴菲特在 1983 年收购的、由 B 夫人创造和掌控的内布拉斯加州家具商场。"

"现在你来总结一下,看看富森美是否能够通过巴菲特市场准则的考察?"爸爸经过以上分析后,向小哲提出了问题。

"现在的富森美相当于是以 0.25 元买 1 元的东西,我认为它能够通过考察。"吴小哲的确像个"聪明的投资人"。

"这些财务数据对研究企业是不是非常重要啊,但是你知道这些财务数据是从哪里找吗?"爸爸问道。

"不知道。"吴小哲诚实地回答道。

"这些财务数据从公司的年度财务报告里可以找到。不过,虽然这些数据是对所有人都公开的,但很多人看不懂也不会用,这方面的能力需要专门的学习和长期的训练。我以前也并不擅长,幸好我研读了《手把手教你读财报》这本书,它不像其他财务专业书籍那样枯燥难懂;相反,其行文风趣幽默,要点突出、通俗易懂,实用性非常强。这本书对我的帮助很大,等你以后长大了也要好好学习。"

"我现在就想读呢!"吴小哲迫不及待地说道。

"你现在还小了点,时机不到不要急嘛!"爸爸哈哈一笑,随后又说道:"富森美全票通过了巴菲特的 12 条投资准则,这就是我帮你把压岁钱全部买入富森美这只股票的主要原因,不过并不是全部原因哦。"

"已经做了这么多研究,难道还不够吗?"吴小哲震惊地问道。

"是的,财务数据反映的是过去的情况,但投资需要重点考虑未来。除了 12 条投资准则,我们还需要思考富森美将来的发展前景。"爸爸提醒道。

"现在网络上好多新闻都在说,很多城市的房价都在下跌;说现在出生的人口也大幅减少,以后房子会长期下跌。富森美是做建材家居的商场,如果没人买房子了,建材家居行业不是也没生意了吗? 这样的商场是不是有可能倒闭呢"经爸爸一提醒,吴小哲想起了这个重大问题,不禁担忧起来。

"嗯,你这种考虑也不无道理。不过做投资不可人云亦云。发现了问题,一定要认真去调研了解、深入思考,才能得出正确的结论。依据正确的结论去投资,投资成功的可能性才会更大。"

"不用太担心,这个问题我已经深入了解过了。如果真有这种风险,我们也不会选择买入富森美呀!"爸爸安慰吴小哲道。

"那你快和我说说具体是什么情况吧。"吴小哲焦急地说。

"新房对于建材家居行业来说,可以算是市场增量。增量虽然减少了,但我们中国这 20 年建好的房子总量已经是天文数字,1999 年至 2020 年 6 月累计完工的住宅面积超过 113.7 亿平方米。这种建好的房子可以称为存量市场,以后家居建材的主市场可能主要是存量市场了。

住宅装修周期一般 8～12 年会重装一次,二次装修正逐渐进入快速释放阶段。据中国建筑装饰协会统计,2010—2018 年,我国住宅装饰完工产值从 9 500 亿元增至 2.04 万亿元。2018 年精装修成品房、新建毛坯房、存量房二次装修产值分别为 8 541 亿元、4 923 亿元、6 936 亿元,占比为 42%、24%、34%,其中存量房二次装修增速最高达 15.60%,毛坯房增速降至 10.91%。老房翻新持续上升,2019 年已经突破 40％,2020 年突破 44％,二次装修规模达到 7 172 亿元。

未来巨大的存量房二次装修市场将成为家居零售行业增长的重要看点。需求主体替代升级,将增加二次装修频次。90 后和 00 后开始独立居住,即使不买新房,大多也会选择对自有旧宅或购买二手房进行重新装修。这些年轻群体更追求设计感,他们能带来大量的二次装修需求,毕竟装修比买房子的总支出少多了。

国家计划生育政策全面放开,二孩和三孩家庭增多,他们对房屋空间及配套设施会提出更高要求。但由于住宅价格不断上涨带来房屋购买压力,故许多家庭选择翻新现有住房。此外,中产阶层不断扩容,他们更注重生活品质,智能、环保和更时尚的装修风格吸引他们进行二次装修。多种类型的二次装修需求汇集将推动市场不断扩大,对冲房地产行业下行带来的冲击,家居建材行业的股票将有机会迎来新的发展机会。这个不是简单的猜测,而是有现成的经验可以借鉴。

日本经济于 20 世纪 80 年代中后期进入泡沫时期,1991 年泡沫破裂后步入漫长的整理期,经济持续低迷。2001—2019 年,日本新房开工面积从 1.1 亿平方米降至 0.8 亿平方米,降幅达 27％。但是在这种房地产明显衰退的情况下,成立于 1967 年的日本最大的家居家饰连锁店宜得利公司,却创造了收入连续 33 年正增长的奇迹。截至 2019 年年末,公司门店数量达到 607 家,其中日本本土 541 家,海外 66 家;2020 年集团营收达 424 亿元,同比增长 5.6％,营业利润达 71 亿元,同比增长 6.7％,增长情况明显优于新房。

宜得利公司的增长动力来自长期坚持的平价策略、持续品类扩张、全流程把控的模式及业态的不断创新。宜得利公司进入旧房改造市场，推出翻新换貌的'旧房改造综合服务'作为公司六大业态之一，从整体厨房、浴室、洗面台、洗手间等卫浴厨改造，到更换壁纸、地板及家具和饰品的搭配布置，提供满足顾客需求的方案，同时承揽从施工管理到售后服务的全部工程。公司还为旧房改造业务设立了专门的体验展厅，制定详细流程、预算清单和案例参考。旧房改造业务有效助力了公司整体业绩增长。

　　家居产业链从源头到终端包括原材料供应、家居产品制造、分销和直销等环节，产品范围广、种类多、进入门槛低，呈现出大行业小企业的特点，渠道在产业链中具有较强话语权。目前中国装饰建材家居的渠道终端分为线上和线下，线下包括家居卖场、品牌直营和经销专卖，线上包括家装品牌官网和综合电商平台，家居卖场仍为主要零售渠道。

　　家居消费的特殊性在于，消费者购买的不仅仅是单品，还需要考虑和其他单品及整个空间进行搭配，消费频次低、客单价高、决策链条长、注重体验度，而线下门店可提供更好的场景体验和配送、安装等服务，售后也更为便捷。线上平台虽然会一定程度分流实体门店的客源，但无法将其完全取代。

　　淘宝进军家居业时，引起家居卖场联合抵制，但是随着用户网购习惯的养成和消费理念的变化，家居卖场不再完全担忧线上分流，而是思考如何搭上互联网的快车，抢占全渠道融合发展的先机。

　　线上平台重新审视线下渠道，阿里以战略投资的形式入股中国两大线下家居卖场居然之家和红星美凯龙,帮助线下卖场朝着智慧卖场的方向发展,通过战略合作的形式对线下卖场在多方面进行技术赋能。无论是电商平台还是线下家居卖场,都认识到线下渠道仍是家具零售不可取代的主要消费场景。"

爸爸在分析了家居市场之后,又对小哲安慰道:"你现在还小,虽然对这些内容可能理解不了,但我可以明确告诉你,无论从历史经验还是当前的行业发展,都将会证明富森美大有可为,你完全可以放心了。"

"那我就放心啦。"忧心的吴小哲如释重负地说道。

三十一、股票投资之术

"爸爸,你为什么要选择在 11 元买入富森美?这个股票最低的时候好像只有 7.84 元,这几年股价也有好几次低于 9 元。为什么不在更低的位置买呢?那样我们不是能够赚更多的钱吗?"吴小哲问道。

"这个问题问得非常好!"爸爸向吴小哲再次伸出了大拇指。

"刚才我们按照巴菲特的 12 条投资准则研究分析富森美,是企业基本面的研究过程,是买入一家好企业的研究办法,可以称为投资之道。现在你问的这个问题,是好买点的范畴,可以称为投资之术。"

"什么是投资之术?"吴小哲又向爸爸提出了问题。

"一切有关投资的技术都可以称为投资之术。不过,在我的投资体系里,它指的是股票的好买点。投资技术包罗万象,各种技术层出不穷,每种方式只要能够长期存在,都必然有它独特的地方。

不过技术虽然复杂,但其实说来也简单。股票的运行主要是三种形式:上升、下跌和横盘,除此概莫能外。

处于上升趋势的股票就像攀爬珠穆朗玛峰的过程,爬过一个山头后会下到一个山谷,再爬过另一个更高的山头,再下到另一个更高的山谷,依此往复,直至登上珠穆朗玛峰。这一过程总是一山更比一山高。不过,越往上的山峰坡度越陡,危险也会越大。每一只股票就是一座财富的山峰,股票对应的企业质量越好,股票能够达到的高度越高。

不过万物皆有周期,一旦上升周期彻底结束,任何股票都将会走出下跌趋势,处于下降趋势的股票就像从楼上扔皮球的过程,皮球第一次触地的时候反弹最猛,之后历次反弹的高度会越来越小,直到静止不动。在各种因素的推动下,才能展开下一轮新的上升周期。

富森美2016年11月上市,适逢房地产最火热的时期,叠加新股上市的溢价,股价从14元快速上涨至52.7元,创历史最高价。虽然企业在稳步发展,但过高的股价透支了未来,导致股价随后几年持续下跌。2020年,新冠疫情暴发,富森美这种大型卖场生意和人气受到巨大影响,加之房地产受到政策打压,公司受到影响,双重打击之下公司股价最低下跌到7.84元。后来即使市场迎来牛市,公司股价也仅上涨到14元;2021年,股票市场走入熊市,但由于企业基本面非常优秀,股价反而没有跌破过9元。三年疫情防控期间,股价一直在9—14元之间反复徘徊。

我们选择2022年12月在富森美11.2元时买入,是因为股票技术面长期趋势、量能、技术指标反转与企业基本面反转形成了同频共振。"

"这种同频共振又是指什么?"吴小哲问道。

"同频共振是指思想、意识、言论、精神状态等方面的共鸣或协同。这里是指股票基本面和技术面的趋势同步变化,说明股票的下跌趋势彻底结束并将迎来持续上涨。我们来看看富森美的具体情况。

2022年8月2日至11日,富森美连续多次放量涨停,短短七个交易日,股价从10元快速上涨至15元,其间成交量急剧放大;不过,到11月底的时候公司股价回落到11元附近。这个现象从技术面来说是一个重大的变化。"

"是因为很短时间内股价涨了很多吗?"吴小哲好奇地猜测道。

"不是。刚才我们说过,处于下降趋势的股票就像从楼上扔皮球的过程,它会一直反弹,但时间足够长后皮球会逐渐趋于静止,这种情况在股票上体现的就是横盘状态。这时候去买入,相对比较安全。"

"为什么会比较安全?"吴小哲反问道。

"我们可以想象一下,皮球为什么不反弹了? 一方面是有地面的支撑,另一方面是不是因为没有那种低于地面的坑了呀?"

"是的,如果有坑的话,球就会继续往下掉。"吴小哲想了一想回答道。

"嗯,投资也是这样,进入这种长期横盘状态的股票,一般都没有坑了;换个角度来说,就是股票下跌的动能结束了,因为在漫长的横盘过程中,该卖的、想卖的都已经卖掉,剩下的大多是坚定看好企业本身的长期投资者。

不过,从投资的角度来说,光会避坑还不够,毕竟股价如果长期横盘,虽然不会亏损,但是赚不到钱。皮球静止后,如果想要改变它横盘的状态,则需要一股外界的力量把它重新往上推,而且这股启动的力量越大越好,对不对?"

"这个我理解,如果我们捡起地上的皮球往天上扔,力量越大,自然就扔得越高。"吴小哲插话道。

"是的,股票走势的反转也是这个道理。公司8月的股价走势是一个重大变化,而且非常重要,因为在懂得技术的人眼中,这就是一个明显的启动信号。在之后股价回调的过程中,股价再也没有跌破过年线,加上其他一些重要技术指标的共同参考,富森美技术面的反转迹象已经非常明显。"

"既然富森美的股价8月就启动反转了,为什么我们要到12月份才买入呢?"吴小哲疑惑地问道。

"技术面反转固然重要,但投资更重要的是企业基本面的变化。这就是投资之道与术的关系,道高于术,道要先于术。

富森美企业基本面的反转主要表现在两个方面:

第一,是国家对房地产政策由紧变松,由打压逐渐转变为支持,地产政策的放松对富森美这种家居建材卖场是直接的利好。2022年11月开始,国家金融端祭出组合拳,'双十一'当天金融16条托底楼市,力度空前。12月,以中央经济工作会议的召开为重要开端,保稳定、化风险成为主要任务,同时推动房地产业向新发展模式平稳过渡的目标确定,房地产支柱产业的地位再次被确认。

第二,是对富森美影响更为重大的政策也在同期出台。2022年12月5日中国发布疫情开放政策。新冠疫情结束后,各种商场旅游娱乐场彻底放开,影响和压制富森美经营的最大阻力彻底消除。

2022 年 12 月富森美股票在技术面和企业基本面都确认反转的情况下，股价在 11 元左右徘徊，这就是最好的买点，我们当然要选择大胆买入，我们的买入成本是 11.2 元。"

爸爸说完，脸上露出了自信的微笑。

经过爸爸的详细介绍，吴小哲发现自己虽然是小朋友，但股票投资并没有想象中难以理解和把握，他开始对未来自己学会并掌控股票投资这个强大的仆人充满了期待。

三十二、道术兼修做投资

"爸爸,你能和我再详细讲一讲投资之道与术的关系吗?我感觉这个蛮重要的,你刚才都说过好几次了。"吴小哲想起刚才思考过的一个重要问题。

"嗯,投资之道与投资之术都很重要,这是构建投资体系最重要的两个方面,你现在就能学习和关注这件事情,非常难得。"爸爸赞许地说道。

"关于道与术,历史长河中有很多经典阐述。老子《道德经》有云:'有道无术,术尚可求;有术无道,止于术。'庄子说:'以道驭术,术必成;离道之术,术必衰。'《孙子兵法》云:'道为术之灵,术为道之体;以道统术,以术得道。'民间也常有'上人用道,中人用术,下人用力'之说。

以上种种,充分说明,道高于术,道胜于术,道要先于术。世人常说'得道高人''江湖术士',两者高下立分。在投资领域,二者结果反映直观,道术应用更为分明。

站在投资的角度来说,投资人以合适的价格买入公认的好企业的股票,只要心态平和,预期合理,意志坚定,且能耐心长期持有,即使投资人道行不高,长期下来基本上能够做到不败,这就是道的价值和威力!这种情况重要的是人的心性,这也是很多不太懂投资的人也能做得不错的原因。

入道之人最大的区别是对股票理解程度和把握能力不同。价值投资的精髓就是投资之道,形势可能千变万化,但核心基石不需要改变;能够真正入道之人,必然长期立足于股市,并取得可持续的长期赢利。

'有道无术,术尚可求。'有道能够确保取胜,而且术是可学的,投资人掌握之后可以灵活运用,对市场和个股的解读,能够更游刃有余。在遵守投资之道、优选个股的基础上,投资人对个股可以做到精准解读,这样就能够确保买入比较准确,且胜率更高。

极少数智慧很高的人入道后,能够达到'道术合一'的境界,例如中国的知名企业家段永平,他的企业做得很成功。他不用学习什么投资的技术,投资也同样做得很好。大多数人只能停留在道术分离的一般水平,但心态平和的得道之人多能结下善果。

道术的高低在极端风险的时候表现最为分明:系统性风险出现的时候,所有个股都是脆弱的,除非空仓否则难逃下跌。这时道的作用就充分体现出来:真正的优质企业,无论股市低迷持续多久,它一定会在未来创出新高,顶多损失时间而不亏钱。这就是道定胜于术的根本,也是投资人需要牢牢记住的重要原则。

'有术无道,止于术',顶尖的术士高手对市场的解读非常精准,常有'世人皆醉吾独醒'的感觉;得术之人往往经不住人性的诱惑,而为失败埋下伏笔。术在某些极端时候会失灵,尤其是遇到系统性风险的时候，如风险控制不当，则投资人可能遭遇极端风险。

技术解读其实也是一门语言，这和财报解读是相通的。技术和财报都以同样的面貌，默默地公平地展示给所有人。一旦遇到能够真正读懂的主人，它们就开始生动地对人说话，不断地告诉主人秘密和答案。事情的另一面是，熟悉掌握技术运用的人如过于重视于术，则往往容易走入偏锋，从而'止于术'。

更为重要的原因是，解读市场毕竟胜率有限，需要个人长期持续战胜市场，做的选择越多，失败概率越大。得术之人如果一味沉醉在术中，则终究难得善终。这也是国内外股票投资史上，少有留得英名的纯技术高人的主因。

投资入道非常不易，能正确解读市场、精通投资之术的人也不多，投资者对两者中任何一项做到入门，都能开创出一片天地。正是因为两者本身都难，故世间罕见道术兼修的高人。

对企业基本面的研究不仅是投资之道的体现，也是投资人对股票的自我认知；对技术的理解和把握是术的体现，本质上却是对交易对手的观察和认知。对于我们普通人来说，只有将两者结合，才能做到知己知彼，而增大获胜的概率。

得道有高下，大道最无形。顶尖的价投高人，道术合一，道即是术，但有这种境界的人廖若晨星，像得道高僧一般稀缺。绝大多数人是普通人，很难做到面对股价的大幅波动心如止水；很多价投入道之人，在道行不高的情况下，对术有偏见不屑于学，将道术完全分开，在实际应用中风格容易僵化。实际上，在道行不深的情况下，术是极好的平衡。

股票投资最好的方式是，以道定乾坤，以术补道行。通俗地说，就是投资要以基本面为主来选择好企业，以技术面做补充来找到好买点。这样做，不仅能长期赚钱，短期也能获得比较好的持股体验！"

吴小哲听得似懂非懂，但最后一句他听得很明白，于是心中暗暗下定决心，要把投资的道术都学好学精。他决心要做一个真正的得道高人，而不做普通的江湖术士。

"道术结合是非常不容易的事情，这对投资人的要求非常高。我投资近二十年来，经历了四轮牛熊市，遭遇的极端行情多了，愈发感觉长期投资实属不易。切实感受到普通投资者要想长期在市场中取得理想的收益，需要具备三种重要能力。"爸爸接着说道。

"一是理解生意的能力，即判断好企业。通过对企业的竞争优势进行分析，对投资逻辑进行总结，能够预见几年甚至十年后企业发展状态的能力，本质上这是对企业的定性分析。

二是解读财报的能力，即确认好企业的真实性。识别财务造假，规避财务风险，发掘优质企业的能力，本质上这是对企业的定量分析。

三是解读股票技术面的能力，即找到好的买点而避免高价买好股的问题。本质上这是对企业买卖点的决策分析。

这三种能力综合到一起就是投资道与术的结合，也是我之前和你说过的'好企业，好买点'六字投资体系的直观应用。对企业基本面分析和财报的解读可以说是自身对企业的认知，解读股票技术面则是对市场上交易对手的观察，两者结合，才能知己知彼。

这有点像打扑克牌，要想增大自己获胜的概率，首先是要抓一手好牌，投资中选择好企业就相当于我们选了一副好牌并排除坏牌，这就让我们处于非常有利的位置。其次最好是能够看到或者猜到对手的底牌，投资中好买点的选择，就是通过一些技术指标和手段去观察市场中对手的出牌习惯和特点，这样我们知己知彼，两者结合，胜算自然更大。"爸爸继续解释道。

"选择价值投资道路的人很多，但很多人对术不太重视，甚至持否认的态度。事实上，股市变幻莫测，我们普通人没有巴菲特那样穿透时光看到十年后企业发展的眼力，也没有十年如一日坚定持有的超强定力，更没有买下整个公司影响企业决策的实力。在能力有限的情况下，术是对道不足极好的补充和保护。"

除了三种能力，成熟投资人还需要具备三种素质：一是勤奋好学的素质，研究企业非常耗费时间和精力，而且需要持续学习；这种能力至关重要，毕竟认真尚且不能保证成功，随便难免导致失败。二是克服贪婪与恐惧的素质，在关键时刻保持理性和冷静是克服人性不足的基础，这往往需要经历多次极端行情的磨炼才能形成；巴菲特的老搭档芒格说过，40岁以下难有真正的价值投资者，并不是指能力的不足，主要是经历不够。三是专注的能力，唯有专注，才能精进，才能越老越厉害。

一个优秀的投资者成熟起来，非常不容易，优秀的投资者是多学科能力的综合体，他们在经济、财务、行业、技术、心理等方面的知识都缺一不可。为什么能够长期盈利的成熟投资人非常稀缺？那是因为同时具备投资中三种能力和三种素质的人非常少。真正的专业人士看似厉害，其实质上的优势却是在进行降维打击。

投资艰难和不易的反面，对立志于长期投资的人来说，却是好消息：投资者一旦真正建立自己独属的投资体系，就相当于取得了打开财富大门的钥匙，真正拥有了点石成金的能力，他们能够依靠一串代码和数字就实现财富的增长。虽然短期也难免受到市场涨跌的影响，但长期财富的积累将成为确定的事实。

即使强于巴菲特，他的投资生涯也曾多次年度亏损 30％，甚至有两次亏损 50％ 以上的经历。但这并不妨碍他用年化 20％ 的收益率，60 年积累超过 5 万多倍的丰厚成果。我们作为普通人，哪怕积累巴菲特 1％ 的财富，也已经足够富甲一方。"

"难怪钱先生说市场中能够通过投资持续赚钱的人只有 3％ 呢？"吴小哲感慨道。

三十三、 投资的第一原则

"你想不想知道巴菲特投资的第一原则和第二原则?"爸爸喝了一口茶,接着神秘地问道。

"当然想知道啦,快和我说说吧。"吴小哲听后急迫地说道。

"投资的第一原则是永远不要亏钱。"

"那第二原则呢?"

"第二原则是记住第一原则,哈哈!"爸爸开心地笑道。

"这不是废话吗?"吴小哲气恼地质问。

"这可不是废话,巴菲特这样说,只是想告诉大家,投资最重要的就是要把不要亏钱作为投资最重要的事情对待。"爸爸正色道。

"永远不要亏钱,这不太可能吧?"吴小哲疑惑地问。

"我们还是用事实说话吧。如果我告诉你,我们买入富森美,哪怕股价跌到 1 元钱,我们也能不亏钱,你相信吗?"爸爸反问道。

"我们的买入价是 11.2 元,如果股价跌到 1 元,我们会亏损 90%多,怎么可能不亏钱呢?"吴小哲带着不可思议的眼神问道。

"你还记得富森美今年的分红率是多少吗?"

"记得,是 6.2%。"

"你算一算,如果富森美每年都按这个标准分红给你,你多久可以收回本金?"

"需要 16.2 年。"吴小哲快速心算报出结果。

"你知道这意味着什么?"

吴小哲想了想,还是不解地摇了摇头。

"我们不妨换个角度去思考一下,我们现在买入富森美,只要耐心持有 16.2 年,是不是光靠分红,我们的本金就回来了呀? 在这种情况下,我们是不是就绝对不会亏钱了啊。"爸爸启发道。

"确实如此,就像爸爸刚才你说的,哪怕股价跌到 1 元钱,我们也不会出现亏损呢。"吴小哲略一思量就兴奋地说。

"刚才我们分析了富森美企业各方面的情况。从结果来看,富森美完全有能力每年分红,而且未来可能分得更多。你的钱是真正的闲钱,在你读大学前都不需要取出来用。事实上,富森美这么稳健的企业,是不可能跌到 1 元的。在疫情影响和地产打压双重打击之下,其股价也只下跌到 7.84 元,所以,我们完全不用过于操心它股价的涨跌。

按照中国股市熊牛转换需要 7 年的周期规律,在你上大学前,8 年内股价上涨一倍可能性是非常大的。保守起见,就算股价一直原地踏步,16.2 年后,在你将来参加工作的时候,靠分红也至少能得到 1 倍的收益。无论如何,这是一笔完全不可能出现亏损的投资。这才是我敢于帮你把压岁钱全部买入富森美的终极原因。"爸爸信心十足地说。

"没想到股票投资还真的有稳赚不赔的机会啊!"吴小哲听完

爸爸的介绍后十分感慨。

"这种买入高分红优质企业的方法,我在2019年出版的《稳赢投资:上班族股市制胜之道》一书中,给它起了一个名字,叫'守株待兔',你觉得这个名字形象吗?"

"很形象,买入股票,只要坐等,就有美味的兔子送上门来,真是太好了。不过守株待兔的那个人是笨蛋,我们用这个方法是不是也显得很笨呀?"吴小哲回答后反问。

"守株待兔的那个人是好吃懒做,把一个偶然不可重复的事情当成必然;我们是掌握一套正确且可以重复应用的好方法后坚持到底,两者怎么会是一样呢? 不过,在股票投资的市场里,确实有很多人不相信有这样轻松获利的好事。"爸爸笑着说。

"大多数人是看见才相信,只有极少数人相信所以能够看见。就以富森美来说,我们通过深入的研究和分析,相信富森美企业是一家好企业,目前又处于低估状态,我们相信未来富森美能够上涨所以才选择买入。大多数人一定是等富森美明显上涨之后,才会相信它真的是一家好企业,不过那时候再买入其股票就迟了。

这是一个简单实用的好办法,优势非常明显。事前研究和分析虽然不容易,但研究完之后我们就不用管它了。更重要的是,掌握这种方法后,我们可以反复使用,每次都能得到理想的结果。另外,它的优点就是确定性高,因为它分红就可以回本,我们不会怕,哪怕股市大盘跌到只剩1 000点,哪怕富森美退市了,我们也还是不会亏,只是多费一点时间。这种情况下时间是我们的朋友,它会帮助我们积累财富。

另外一个好处是,我们不会害怕股价下跌。11元买入富森美的时候,我们能得到 6.2％的分红;如果股价下跌到 9 元,我们追加买入的部分分红率反而能够上升到 7.6％,我们依靠分红回本的速度会更快。"

"不过这个方法确实也有一些不足。"爸爸补充说。

"首先,是这种方法太被动。真实的投资世界里,守株待兔的这种好机会不是时时刻刻都有的,一般都产生于大的熊市,因为只有这种时候,低估的好企业才会出现便宜的价格。

其次,这种方法相对来说收益率不太高。这种方法这么简单,但是真正应用的人不多,因为很多高水平的投资人看不上它的收益,7 年翻 1 倍甚至要十多年才翻 1 倍。其实这是一种不用太费心而且确定性又很高的方法,对普通人来说,已经是非常不错的选择了。"

三十四、手中有股，心中无股

"你知道掌握和应用这种'守株待兔'的投资方法最难的是什么吗?"爸爸问道。

"最难的应该是分析企业,要花很多时间才能得出结果。"吴小哲思考一会才回答道。

"这个方法看似简单,但真正实施起来还是不容易。因为它的难点不是分析和研究本身,而是投资人无法克服内心的贪婪与恐惧。"

"贪婪和恐惧是指什么?"吴小哲又变得兴奋起来了。

"我帮你用压岁钱买入富森美这只股票后,你上学的时候经常问我是赚了还是亏了,我并没有告诉你。放暑假后我允许你每天看一次股价的变动情况,正好这一周时间内富森美股价变动范围比较大,我现在问问你的感受。

2023 年 7 月 6 日,富森美股票涨停,一天时间内上涨 10%。你得知自己一天赚了 1 万多元,你非常开心。我想问你,当时你是怎么想的?"

"我当然开心啦,我还是个小学生,一天就能赚1万多元钱,这个应该没几个小学生能做到吧。可惜的是,我自己本钱还是太少了,要是我压岁钱有20万元的话,一天就可以赚2万多元钱了。"吴小哲兴奋地说。

"你这种明明已经得到很多,但心中还希望得到更多的情况,就是内心贪婪的表现。"

吴小哲被说得有点不好意思起来。

"富森美涨停后的第二天,股价下跌2.27%,第三天再次下跌1.64%,两天累计下跌4%,账面亏损几千元,这时你又是怎么想的? 是不是想卖掉?"爸爸没有理会吴小哲的尴尬,接着问道。

"是的,这两天看到天天跌、天天亏钱,我担心还会继续下跌,我正想要提醒你是不是帮我卖掉呢。"

"你这种担心股价会持续下跌的情况,就是内心恐惧的表现。"

"我在想要是前天卖掉就好了,那样的话我就不用亏钱了。"吴小哲补充道。

"那样做确实避开了这两天的下跌,但如果接下来涨得更高,你不也就避开了上涨吗? 而且你想卖掉是因为这两天下跌,如果这两天继续上涨,你的想法是不是就正好相反呢?"

被爸爸说得自己既像个贪婪的财迷,又像个怕亏钱的胆小鬼,吴小哲不免感到有点儿难为情。

"你不用在意,我没有批评你的意思。事实上,不光是你这个小朋友,其实即使是绝大多数经验丰富的大人,在股市里的表现也和你差不多。连巴菲特小时候也同样受到过贪婪和恐惧的考验和折磨呢。"

"真的吗?"吴小哲又似乎得到了某种安慰。

"当然是真的。巴菲特第一次买股票是1942年。他大约11岁的时候,正值第二次世界大战期间,百业萧条,环境不太好,根本无前景可言,而且美国在太平洋战区表现也不太理想。那时战争发生,总统辞职,通胀率高企,不是值得投资的好时机。

当时巴菲特早就看中了一只股票,但无奈他把自己手里所有的钱拿出来,都不够买那只股票。于是,他说服姐姐和自己一起买股票。最后他们一起买了3股股票,当时他的买入价格是38.25美元。尽管他对自己选出的股票非常有信心,然而因为那时大环境不好,股票买入后就一直下跌。这时姐姐心慌了,因为她和巴菲特一样拿出的也是自己的全部零花钱。股票从38美元一路下跌到27美元,两人的股票亏损将近30%。

这个下跌过程对两个小孩子来说是很煎熬的,因为担心最后不但没赚到钱,连本金都亏掉,他们内心非常恐惧。好在股票跌到27美元后就没继续下跌了,开始慢慢往上爬。当爬到40美元后,由于顶不住姐姐的压力,巴菲特把3股股票全卖了,最后总共赚了5美元。然而,这还没完,巴菲特把股票卖完后,这只股票继续上升,而且升得越来越猛。最后,这只股票涨到202美元才停下来。

如果巴菲特当初能坚守选股时的初心,不因有一点利润就卖出,只要多持有几个月,他就能多赚近30倍的钱。巴菲特第一次买股票时虽然最后赚了5美元出来,却被他称为是一次超级失败的投资。那次买股票,对他以后的投资思路产生了深远的影响。"

投资是需要耐心和定力的,短期的蝇头小利不重要,重要的是长期收益。

吴小哲听到巴菲特小时候买股票的故事和爸爸的解释后，心里轻松多了。

"贪婪源于渴望而不知满足；恐惧则是产生于自身对事物的不了解、不确定。贪婪和恐惧是人性的两大共同弱点。要想做好投资，投资人就必须要克服它们；否则，即使做再多再好的研究和分析也无济于事。"爸爸继续说。

"克服贪婪和恐惧的办法是什么？"吴小哲焦急地问。

"克服贪婪的办法，一方面在于自己要把眼光放得更长远，另一方面要学会知足知止；而要想克服恐惧，可以提高对事物的认知能力，扩大自己的视野，看清投资的规律，提高预见力，对各种可能发生的各种变化做好充分的思想准备。"

"这些感觉太复杂了，我们具体应该怎么做呢？"吴小哲为难地说。

"投资中想要克服贪婪和恐惧，关键在于做好投资计划，真正做到手中有股、心中无股。"

"什么是投资计划？"吴小哲问道。

"《孙子兵法》认为，胜兵先胜而后求战，败兵先战而后求胜！胜利之师是先创造必胜的条件然后再交战，失败之军总是先同敌人交战，然后企求从苦战中侥幸取胜。用现在的话说，就是胜利之师不打无准备之仗。

投资计划就像行军打仗计划一样。在决定买入的时候，投资人就要做好全部的预案，买入后只需要根据相应的情况直接执行即可。以富森美为例，我的计划是 11.2 元买入，万一股价走势不如预期，股价下跌到 10 元的时候我再追加买入一批；如果继续下跌到 9 元,我就买入第三批;如果再下跌我就不去管它了;如果股价如期上涨,我就安心持股,等股价到至少 20 元以上,卖出一部分股票,回收全部本金。继续长期持有利润,用本金再去寻找和买入一个新的好股票。"爸爸从容地说道。

"爸爸,你不是把我的压岁钱在 11.2 元已经全部买入富森美了吗? 如果下跌,我没钱再买啦,那我怎么办?"吴小哲担忧地说。

"这个问题问得很好,投资不能孤注一掷,要像打仗一样有章法、知进退。成熟的投资体系中需要考虑仓位的配置、投资组合的安排等问题。这是个复杂的系统,你现在还小,很难理解和把握。至于为何用你的压岁钱全部买入富森美:一是因为你的钱太少,不值得我耗费太多精力;另一方面是因为富森美这只股票在 11.2 元时的买点非常好,确定性非常高,向下跌的风险不大,而上涨的空间比较大。综合考虑,一次性买入是性价比最高的选择。"爸爸解释道。

听完爸爸的安慰和解释,吴小哲淡定了很多。

"富森美股价上涨和下跌的预案我们都考虑好了,你还会稍微下跌就想卖出吗?"

"虽然我还是有点担心,但确实没有那么恐惧了。"吴小哲似乎松了一口气地说。

"我们买入富森美的价格是 11.2 元,设定的卖出目标是 20 元以上,将来如果股价真的上涨到 20 元,我们能够有接近 1 倍的收益,你还会嫌少吗?"

"不会,不会,我已经很满足了,我不再那么贪心了。"吴小哲开心地笑了。

"爸爸,那什么是'手中有股,心中无股'呢?"

"你放暑假后,每天都会看富森美的股票涨跌情况,你的内心受到了贪婪和恐惧的影响。你仔细回想一下,我几个月前帮你用压岁钱买入富森美后,它的股价每天也在涨涨跌跌,你有没有受到过影响呢?"

"没有,那时候我天天从早到晚都忙着学习,没时间考虑这个事情,而且你不告诉我富森美股价的涨跌情况,我自己也不知道啊。"

"事实上你有没有买入富森美这只股票呢?"

"有啊,你帮我买的。"

"你心中有没有富森美这只股票呢?"

"没有。"

"你这种情况就叫做'手中有股,心中无股'。"爸爸笑呵呵地说。

"'手中有股、心中无股',在投资上来说,是一种非常高的境界。你现在能够轻松地做到,不是因为你的能力强大,而是因为你一直置身事外。不过,这几天富森美股价涨跌带来的影响你也感受到了。如果投身其中,自身又没有克服贪婪和恐惧的能力,你就是一只'纸老虎',还是会被人性的弱点打败。

巴菲特说过,别人贪婪的时候恐惧,别人恐惧的时候贪婪。真实的投资世界里,事实上大多数人在别人贪婪的时候更贪婪,在股票处于高位时不仅舍不得卖出,甚至还增加资金。人们往往在别人恐惧的时候更恐惧,在股票处于低位时按捺不住而卖掉宝贵的股份。"

"富森美现在虽然股价已经有所上涨,但是离1倍的预期目标还有一大段距离。未来如果富森美的股价翻倍,我们能赚到这些钱可不是凭运气,而是通过深入研究,真正做到了心中有数、进退有据,这其实是一种能力和认知的变现。你要努力学习,因为你的认知越强,你取胜的概率才会越大。"爸爸微笑地说。

"爸爸,钱先生说过,只有主人自身的本领越高,才能驾驭能力越强的仆人。股票投资这个仆人能力这么强,我一定会努力学习的。"吴小哲坚定地说。

三十五、投资中的现场调研

"做好投资,还有最后一个重要环节,你猜猜看是什么?"父子俩喝茶休整了一下,爸爸又提出了一个问题。

"已经准备了这么多还不够? 还有最后的环节吗?"吴小哲疑惑地反问。

"是的,这可是专业投资者的秘密武器,它就是现场调研。你可别小看它,它可是投资的另一个重点哦!"

"首先,我们来说说现场调研。就像侦探小说里的侦探一样,我们要亲自去现场了解公司的真实情况。比如,假设你想投资一家餐厅,你可以去餐厅实地体验一下,试吃一顿美味的饭菜。看看客人们是不是真的喜欢这里,菜好吃吗? 餐厅的环境干净吗? 服务员们友好吗? 这样你才能知道这家餐厅是不是一个好的投资机会。"

现场调研有啥好处呢? 首先,它能帮助你发现鲜为人知的秘密。比如,你去现场时发现厨师们把菜烧焦了,客人们面露难色,这可就是一个重要的线索了! 这可能意味着这家餐厅的管理不太好，如果你投资了，可能会遇到很大的麻烦呢！还有，你还可以看看餐厅附近有没有其他竞争对手。如果有太多的竞争，这家餐厅就可能赚不到太多的钱啦。

其次，现场调研可以帮你了解市场需求。咱们想一下，要是你喜欢玩游戏，你会到一个偏僻的山村里开个游戏厅吗？当然不行！你会选择一个人多的地方，对吧？所以，现场调研可以帮你筛选最适合的投资机会。比如，你发现一个小岛上有很多游客，他们都喜欢玩水上项目，那你就可以考虑在那里开一个水上乐园啦！这样，你的投资就有可能成功了！

最后，现场调研可以帮你预测未来。你可能好奇，怎么预测未来呢？其实很简单！你只需要观察现场的变化就好了。比如，你去一个工业区看到正在建造很多新工厂，这说明这个地方的经济可能会越来越好，未来也有很大的发展潜力。这就是现场调研可以带给你的超能力！你可以提前看到未来的趋势，并依此做出更明智的投资决策。

记住！通过现场调研，我们可以发现公司的秘密、了解市场需求、预测未来。这样，我们就能做出更明智的投资决策，从而获得更大的成功！"

"我明白了，爸爸你今年暑假带我去成都玩，其中有两天是逛富森美家居市场，在卖场和很多叔叔阿姨聊天，那就是现场调研吧？"吴小哲若有所悟地问。

"嗯，是的。不过现场调研既不是简单的走马观花，也不是先入为主的自以为是，而是必须建立在事先对企业深入研究的基础上才能行有之效，要带着问题去了解公司经营状况才能事半功倍。"

"爸爸,那你快和我讲讲吧。"吴小哲急切地说。

"我先考考你,那两天我们俩是一起去的,你说说自己的现场感受,总结一下。"爸爸说完悠闲地喝起了茶。

吴小哲仔细思索了一会儿回答说:"我感觉一般,富森美的卖场人不多,比我们平时逛的吾悦商场人少多了,生意应该不好;不过,他们的天府新项目环境很好,房子也非常大气,我的印象很好。如果一定要说个结论的话,我觉得富森美并不好。"

"哈哈,你和大多数人一样,还是凭自己的感觉下结论,当然更主要的原因是你不知道调研的重点是什么。从我的观察来说,我得出的结果正好和你相反呢。"爸爸笑着说。

"真的吗?为什么呀?"

"听我慢慢分析给你听。"爸爸放下茶杯缓缓说道。

"调研并不是千篇一律的,一定要根据企业的特点有针对性地去了解情况,这样才能得到理性的结果。富森美这样的家居卖场,最主要的是地理位置、人气流量、店铺经营情况,新项目则要重点关注招商情况。简而言之,就是在那里卖东西、买东西的人多不多,现在商场卖东西的人多不多?其他还想来商场卖东西的人多不多。

我们先说地理位置,富森美的几个主要卖场都在地铁出口附近对不对?这样人们出行会比较方便;公司总部的1、2、3号卖场附近都非常热闹繁华,人流量很大;北部的卖场则是家居建材的聚集地,非常集中。企业地理位置的优越,这是坐地收租类企业竞争的核心优势。虽然房价明显下跌,但企业实际估值相对周边的房价仍只有两到三折，明显被低估。这样的黄金地段，即使企业卖场倒闭了，重新装修成吃喝玩乐的商场，企业也会过得很轻松。确认一下卖场周边真实情况这是调研的一大重点。

你看到现场买东西的人不多是事实，但拿吾悦那种日常消费卖场和富森美对比就不对了，因为日常消费卖场很多人并不是为了买东西，有的纯粹是去吃喝玩乐；家居卖场则不同，到现场逛的人都是有实实在在购买需求的人。而且家居卖场一般都是平时聚客，集中时间搞推广活动，成交量往往集中在少数特殊时间内。我们去的时候不是周末，人自然少一些。暑假大人孩子都放假，喜欢外出游玩，本身也是淡季。所以，我们看到卖场不热闹并不奇怪，也不能说明太多问题。

卖场生意的好坏其实并不直接影响富森美的业绩，我们调研的重点要关注在商场里卖东西的店主，因为是他们交租金给富森美。你还记得吗？我们走访的几个主要卖场，没有看到一家店铺空置，对不对？这就说明现在虽然经济不景气，但富森美作为房东，它的租金收入还是有保障啊。只有屈指可数的几家店重新装修，我们通过了解，他们是早先通过预申请排队才等到的入场机会。这又说明什么？说明大家都抢着进入富森美的卖场嘛。"

"确实如此，我记得你和那个阿姨聊天的时候，她还说自己有个朋友排队等了两年还没机会。商场里只要有人退出店铺，立即很多人抢着进呢。"吴小哲补充说道。

"不错，你还记得吗？有一个叔叔说他把其他地方经营一般的店关闭，集中人力和资源到富森美呢；相对于同行的萧条甚至部分倒闭的情况来说，富森美长期注重与商家共同良性发展的优势展露无遗。我们研究财报的时候，发现去年富森美免掉租客两个月的租金，虽然当时有损失，但确实增强了与生意伙伴的友好合作关系，这点也在现实调研中得到了印证。对于以收租为主业的富森美来说，这些情况无疑是最大的利好。企业熬过行业的冬天，存活下来就会变成最强者。

一个企业要长期发展，开发新项目肯定势在必行。所以，这次我们调研的天府新项目是另一个重点。从外观上来说，它确实高端大气，环境优美，但我们不能光看外表，重点要了解愿意到新项目来做生意的人多不多。这也是我和招商部的那位阿姨聊了一个多小时的原因，我记得你当时还觉得很无聊呢。"

吴小哲不好意思地点了点头。

"这个新项目，由于疫情的影响，一直没有按照预期计划推进建设，我之前一直有些担心这个项目会不会成功。这次从现场情况来看，项目建设已经接近尾声，正在展开招商工作。它成为烂尾楼的风险彻底消除，而且地理位置非常理想，周边环境风景怡人，因此，结合企业新的业态和新的经营模式，一切值得期待。不过隐忧是30%对外出售的部分，其存在较大的风险；在当前市场低迷的情况下，新模式业态能否顺利出租，也存在一定不确定性。总的来说，新项目算是喜忧参半。在你心中感觉不错的新项目，在我心里却是七上八下哦。"爸爸和吴小哲开起了玩笑。

"投资如果仅仅凭借财报等数据，是无法完全了解一个项目或者企业的真实情况的。通过实地调研，我们能够获得更多财报以外的信息，从而有利于我们更全面地了解项目的运营状况、竞争态势以及市场趋势等。有效的实地调研确实非常重要，它能够帮助我们做出更准确的判断。好消息是现在网络非常发达，资讯也非常多。我们只需要在家里也可以找到想要的资料，这样调研更加方便高效了。

总的来说，通过这次现场调研，我对几个关键问题都找到了答案，解除了心中的几点疑虑，也印证了之前的几个想法，收获是非常大的。富森美这家企业财务稳健，几乎没有负债，每年净利润收益稳定，管理层低调务实，估值较低。在当前经济低迷、经济复苏缓慢的时代背景下，持有这样的企业能够让人安心。这就像我们普通人家，虽然经济整体下滑，但有稳定收入而没有负债的家庭生活还是比较轻松的。"爸爸总结道。

吴小哲听完爸爸的分析，深刻感受到现场调研的重要性。同时，他对这种边调研边旅游的生活方式也非常感兴趣。他认为这种方式不仅可以满足他对投资的好奇心和求知欲，还能够让他享受旅行的乐趣。

通过这番经历，吴小哲对投资的兴趣更浓了。他意识到只有深入了解投资项目，才能做出明智的决策。这一次的体验更加激发了他对于投资领域知识学习的热情和渴望，他决心深入学习和探索，成为一名优秀的投资者。

三十六、 非比寻常的价值投资

"爸爸，我感觉你的投资方法好厉害呀！你是怎么想出来的呀?"吴小哲好奇地问。

"爸爸可没有那么厉害，我的投资体系来源于对价值投资方式的不断学习和实践。虽然有些内容有自己独到的地方，但价值投资的核心基石并没有改变，也不用改变，更不能改变。我只是在价值投资这栋伟大的建筑上，给门窗配上一点适合我们中国的装饰罢了。"爸爸深深地感叹。

"价值投资理念的创始人格雷厄姆，100年前在美国就已经是很有名气的投资家了。他是世人公认的价值投资的开山鼻祖，大多数人可能不知道他，但他最著名的学生你还是非常熟悉的。"

"是谁呀，我没有这么厉害的朋友呀。"吴小哲疑惑地问。

"他就是巴菲特。"

"啊! 真的啊。太好了，我现在对巴菲特已经了解很多了，不过我还想了解更多，你快给我讲讲吧。"

"我先给你介绍一下格雷厄姆吧。"爸爸继续侃侃而谈。

"100 年前,人们凭着自己的经验和想象力买卖股票。但是,格雷厄姆凭着严谨的逻辑和可信的数学计算,第一次把股票投资变成了一门科学,开创了一个全新的投资时代。

本杰明·格雷厄姆终年 82 岁,享有'华尔街教父'的美誉。纽约证券分析协会强调格雷厄姆'给这座令人惊叹而为之却步的城市——股票市场绘制了第一张可以依赖的地图,他为价值投资奠定了方法论的基础。而在此之前,股票投资与赌博几乎毫无差别。价值投资没有格雷厄姆,就如同共产主义没有马克思——原则性将不复存在'。格雷厄姆是巴菲特的恩师。

格雷厄姆生于 1894 年的英国伦敦,他在 1 岁的时候就跟随父母举家迁往美国纽约。他的父亲是一名瓷器经销商。格雷厄姆家境优越,居住在纽约的豪华社区,拥有私人的女佣、厨师和家庭教师。然而世事难料,在格雷厄姆 9 岁那年,他的父亲病逝了,家境急剧衰落。

在格雷厄姆撰写的回忆录中,他依然记得父亲去世时的情景。在医院里和父亲道别后,他的表姐试探性地询问他们的父亲怎么样了,懵懂无知的小格雷厄姆大声地回答道:'父亲的病情正在好转。'表姐稍稍放心了些,又继续问道:'那么他不会死了吗?'小格雷厄姆继续大声回答道:'是的,他当然不会死!'他这样自信地回答,是因为大人是这样安慰他的,他信以为真了。

格雷厄姆的母亲没有经商的能力。虽然她也尝试经营瓷器生意,还开过民租,甚至也炒过股票,但都以失败告终。他们失去了经济来源,最终不得不依靠典当家里值钱的物件过活。当没有东西可以继续典当后,在最艰苦的岁月里,他们就只能靠亲戚们的接济度日,而寄人篱下的滋味并不好受。

虽然生活艰难,但这并没有磨灭掉格雷厄姆的智慧和激情。小格雷厄姆学习成绩异常优秀。他精通数学,热爱古典文学和诗歌,中学时期便掌握了英、法、德、希腊、拉丁语等多种语言。他会读遍所有他能够找到的书,别的孩子读书是为了功课,而他是为了兴趣。他连续不断地跳级,在 16 岁那年就申请了哥伦比亚大学并获得了奖学金。他本来能够申请哈佛大学的,但他的母亲并不想让他离家太远。然而不幸的是,哥伦比亚大学招生办的工作人员把他和另外一位名字相似的同学弄混了,因此并没有录取他,转而录取了其他人。格雷厄姆在当时并不知道自己为何没有被录取,这件事让这位天才少年一度开始怀疑人生。第二年哥伦比亚大学发现了这个错误,校长找到了他,向他解释了原因并做出了道歉,又重新为他提供了新的入学资格和奖学金。

1914 年,格雷厄姆以优异的成绩从哥伦比亚大学毕业。然而,为了家庭经济情况能够改善,格雷厄姆需要找一份薪资较高的工作。因此,他放弃了留校任教的机会,开始在纽伯格·亨德森·劳伯公司华尔街分部工作。这是他在校长卡贝尔的推荐下获得的一个好机会。

格雷厄姆很快展示了自己的才能,在短短 3 个月内,他就被晋升为研究报告撰写人。由于他深厚的文学功底、严谨的科学思维和广博的知识,迅速形成了自己简洁而有逻辑的写作风格,在华尔街证券分析领域独树一帜。作为一名证券分析师,格雷厄姆凭借其对股票投资的准确判断,开始在华尔街小有名气,他决定试试自己的实力。应一些亲戚和朋友的邀请,他开始为他们做一些私人投资。

1920 年,格雷厄姆成为公司的合伙人。他继续通过实践积累更多经验。随着一次又一次辉煌的成功,他的投资技术和理念逐渐成熟起来。格雷厄姆的风险规避技术对那些总是担心自己的投资会因证券市场的波动而遭受巨大损失的投资者来说,无疑是一种安全策略。这也为格雷厄姆在华尔街树立起了独特的声誉。

1923 年初,格雷厄姆离开了纽伯格·亨德森·劳伯公司,决定创业。他成立了格兰赫私人基金,经过一年半的运作,基金的投资回报率高达 100% 以上。这标志着格雷厄姆在投资领域取得了巨大的成功,格雷厄姆在随后的投资生涯中不断做大做强。

格雷厄姆尽管在 1929 年的大股灾中也遭受了巨大损失,但他并没有放弃。那时的格雷厄姆不仅在华尔街有着丰富的经验,还是一位备受尊敬的成熟投资家。1934 年年底,他出版了《有价证券分析》,这是他的代表作之一。随后,他在 55 岁时出版了《聪明的投资者》,在投资界声望已经达到华尔街教父级水平。

然而,到了 1956 年,尽管股票市场还在上升,但格雷厄姆已经对此不再感兴趣。对他来说,金钱并不是最重要的,关键是他找到了正确的投资之路,并愿意毫无保留地将其分享给广大投资者。在华尔街奋斗了几十年后,格雷厄姆决定退休。随后,他选择哥伦比亚大学开始他的教学生涯,将自己的思想传播给更多的人,这是他对投资界所做的巨大贡献。"

说到这里,吴小哲看到爸爸眼神中充满着崇拜和向往。

爸爸稍停了一下,喝了口茶,继续说道:"巴菲特虽然 7 岁开始了解股票,11 岁就买入了人生的第一只股票,但那时候他还非常痴迷于技术,苦苦钻研着各种图形炒股的秘术,在投资上仍然时赚时亏。直到19岁的巴菲特读到格雷厄姆的著作《聪明的投资者》时,学习了解到书中这种确定能轻松赚钱的方法,巴菲特说自己仿佛看到了上帝。

巴菲特19岁时曾报考哈佛商学院。凭他超乎年龄的丰富的股票知识,巴菲特信心满满,但最后却被拒收。后来,巴菲特惊喜地发现他的偶像,也就是《聪明的投资人》的作者格雷厄姆在哥伦比亚大学执教,于是他立即申请入读。巴菲特真诚的态度和用心的写作打动了格雷厄姆,他亲自和巴菲特谈话并批准其入学,后来巴菲特成了格雷厄姆最得意的门生,是唯一一个得 A$^+$ 的学生。4年的学习生涯,毕业后3年与老师保持联络,再加上后来3年贴身追随老师的实践工作,十年磨一剑,巴菲特学到了格雷厄姆的投资精髓,打下了深深的'格式首席门徒印记'。因为巴菲特没有亲身经历1929年的深度股灾,他最终摆脱了格雷厄姆极度保守的风格,通过伯克希尔公司创造了投资界的神话。

格雷厄姆核心投资思想主要包括三个方面的内容:一是买入股份相当于买入公司的一部分所有权,证券市场短期是投票器,长期是称重机。二是安全边际,如果以五毛钱买入价值1元的东西,则赢的概率远大于亏的概率。三是市场先生,市场的非理性波动是我们的朋友,能够提供以非常低折扣买入和非常超价值卖出的机会。"

"买入股份相当于买入公司的一部分所有权,这个我现在知道了,就是要把自己当成老板去思考,但什么是安全边际和市场先生呢?"吴小哲听得非常入迷,对自己不懂的当即就提出问题。

"前几天我们汽车在经过一座小桥的时候,桥头有一个指示牌,表示限重 20 吨,你知道什么意思吗?"爸爸提问道。

"知道,就是说超过 20 吨的车子不允许经过,否则可能导致桥垮掉。"吴小哲脱口即答。

"为了确保自己过桥安全,你觉得最好的做法是什么?"

"如果我们的车和货物超过 20 吨,最好就不要过桥。"

"这样可能还不太安全。因为有可能桥体老化,车子载重只有 19 吨桥就垮了。因此,从确保安全的角度来说,我们最好只让 10 吨的车通过。

从投资的角度来说,安全边际的意思是指,当我们研究分析一个企业价值 20 元钱,我们不要急于出手。最好在企业对应的股票价格在 10 元钱的时候才买入。形象地说,就是用 5 毛钱买入 1 元钱股票的意思。"

"明明价值 20 元,为什么要等 10 元的时候才买呢? 这样不是需要等很久吗?"吴小哲疑惑地问。

"这就是安全边际的价值所在。我们虽然进行了系统而全面的研究,但还是有可能出错。如果 20 元的时候就买入,一旦出错,我们就会明显亏损;与之相对,我们等到 10 元钱的时候才买入,即使我们判断出现了错误,也不会出现大的亏损。从另一个角度来说,即使出现了亏损,我们要回本,相对 20 元的买入价,我们也更容易做到。"爸爸耐心地解释道。

"你知道最大的安全边际是什么吗?"

"是用 5 元钱买 20 元的东西吗?"吴小哲稍加思考后反问道。

"不是,再便宜的价格,如果企业本身出现了问题,投资还是可能出错。最大的安全边际其实产生于决策之前。如果可以，则最好不要通过有危险的桥梁。在投资中最大的安全边际就是不要买入有问题的企业。当然，这取决于投资人判断企业好坏能力的高低，其实这并不容易掌握。"

吴小哲若有所思地点了点头，并继续发问："安全边际我听懂了，那什么是'市场先生'呢？"

"'市场先生'是格雷厄姆为了让普通人明白和理解市场涨跌变幻莫测，虚拟出来的一个寓言故事。这个故事最早出现在他写的《聪明的投资者》第8章中：设想市场报价来自一位特别乐于助人的名叫'市场先生'的家伙，他和你都是私人企业的合伙人。'市场先生'每天都会出现，报出一个他既会买入你的股份、也会卖给你他的股份的价格。尽管你们拥有的企业可能有非常稳定的经济特性，但是'市场先生'的报价却非常不稳定。很遗憾，这个可怜的家伙有狂躁症。有些时候他心情愉快，这时他只能看到影响企业的有利因素，于是就会报出非常高的价格，想买下你手里的股份。另一些时候他情绪低落，此时他只看到前途荆棘密布，于是就会报出非常低的价格，不顾一切地想把股份甩卖给你。另外，'市场先生'还有一个可爱的特点，他不介意被人冷落，如果他所说的话被人忽略了，他明天还会回来同时提出他的新报价。

'市场先生'对我们有用的是他口袋中的报价，而不是他的智慧。如果某天'市场先生'表现得愚蠢至极，那么我们就可以利用他，当然也可以忽略他。但是，如果我们受他情绪影响而被他控制，后果就不堪设想了。"

"总而言之，我们作为投资者，绝不能让'市场先生'牵着我们的鼻子走,不能被股价涨跌蒙蔽了双眼、左右了情绪,我们要利用的是'市场先生'的口袋,而不能被它影响了自己的脑袋。"爸爸笑呵呵地总结。

"价值投资在巴菲特的继承和发扬下,还有第四个重要原则,即能力圈原则。"爸爸稍作停息,接着说道。

"什么是能力圈原则?"吴小哲好奇地问道。

"你还记得自己最喜欢看的动画片《西游记》里面三打白骨精的故事吗?"爸爸不答反问。

"当然记得了,唐僧总是被白骨精骗,要不是孙悟空,唐僧估计早被白骨精吃掉了。"吴小哲回答。

"在三打白骨精的过程中,孙悟空出去找吃的。他担心白骨精再来抓走唐僧,于是临走前在唐僧周围画了一个圈施了法,只要唐僧不主动走出孙悟空画的这个圈,白骨精是无可奈何的,唐僧也是安全的。但是,后来的结果是什么呢?"

"后来唐僧还是被白骨精骗出了那个圈,最终被抓走了。"吴小哲无奈地说道。

"股票市场就像白骨精,千变万化地来引诱人们。唐僧好比能力不足的普通人,虽然有着去西天取真经普度众生的万丈雄心,却只有肉眼凡胎,容易被妖魔的变身术迷惑。普通人能力有限,精力也有限,却总想脱离自己的能力范围去投资,最终失败自然在所难免。

正确的做法是什么呢? 我们要沉下心来,认真细致地去研究一些自己看得懂又能看得清的好企业,等待好机会买入后长期持有,这样才能立于不败之地。这就是投资中的能力圈。切不可盲目地去买一些陌生的股票，更不能想着靠抓概念、追风口实现一夜暴富。

美国的另一位投资大师彼得·林奇也曾经说过：开始寻找能涨 10 倍的股票的最佳地方就是在自己住处的附近，不是在院子里，就是在大型购物中心，也可能是你曾经工作过的每一个地方。我就是这样做的，效果也非常好。

我们家用的空调牌子是格力；你们刷牙用的牙膏牌子是云南白药；你们做眼睛检查和配眼镜的地方是爱尔眼科。这些企业的股票我都买过，也通过它们赚了钱。和你妈妈以前逛友谊阿波罗商场时，我接触到了友阿股份；你和妹妹小时候经常感冒，通过医院给你们开的感冒药，我发现了生产蒲地蓝口服液的济川药业；带你们在松雅湖国家湿地公园玩的时候，我找到了负责建设公园的公司棕榈园林；你们上学路上经过的三一重工，做扣子做到世界第一的伟星股份以及煤炭龙头中国神华等企业，这些公司的股票也让我们家庭的财富得到了增长。这些与我们生活密切相关的上市公司，就是我能够探索和掌握的最好的能力圈。"

吴小哲听完爸爸的介绍，似乎觉得投资机会好像真的就在自己身边。

"价值投资看似很简单，实则不容易。虽然股票投资方法多种多样，事实上不管什么方法，只要能够经久留传，就一定有独到之处。不过，我以前也尝试过很多不同的方式，但最终发现最适合我的还是价值投资。"爸爸感叹地说。

"是因为价值投资有什么特别之处吗？"吴小哲十分好奇。

"它确实有几个非常特别之处。第一，价值投资经受了 100 年的考验,事实证明确实可行。价值投资体系的主体框架在格雷厄姆经历1929年大股灾后就写出来了,其充分考虑了市场的极端情况。价值投资延续到现在已经接近100年,100年来核心要素没有变,也不用变。很多方法确实有效,但经不起时间的考验。目前为止,在投资界经历一百年不需要调整和改变且依然有效的方法,好像就只有价值投资。试想一下,如果我们学习一种本领,学了一二十年后突然失效了,这会不会是一个非常恐怖的事情呢?

第二,价值投资最符合常识,是真正的大道。什么是大道? 大道就是一种可持续的方式,就是你所得到的东西,在别人眼中和在所有人眼中,都是你应得的。这样的方式才能持久下去。如果你公开分享你赚钱的方法,而所有人都认为你是一个骗子,那么这个方法肯定是行不通的。但如果你毫不保留地分享赚钱的方法,而所有人都对你的方法感到赞同和钦佩,那就是可持续的。这就是大道。"

第三,价值投资能够实现复利的最大化,价值投资帮很多人实现了财务自由,甚至让很多人取得了惊人的财富。很多人误认为价值投资见效慢,其实是他们不懂价值投资的快。以巴菲特为例,1969年巴菲特解散了合伙公司,也就是自己的私募基金,只继续管理1964年以12.7美元买入的伯克希尔公司。截止到现在,60年时间内公司每股股价从12.7美元增长到今天的65万美元,累计增长5.1万倍。这么巨大的涨幅,其年复利其实仅为20%。

第四,价值投资的方式最有利于健康长寿。在所有的投资方法里面,价值投资里面有一大批成功的人,如巴菲特、芒格、斯洛斯、比尔鲁安、费雪、欧文等。他们一生践行价值投资的过程中,不仅赚取了巨额的财富,同时也普遍获得了高寿,其中超过百岁的人不在少数。现年94岁的巴菲特还可以跳着踢踏舞开心地去上班,还可以在5万人的大会场侃侃而谈。这是其他方法完全不可比拟的。"

"你知道吗?学会和践行价值投资方法的人在股票投资中可以做到所向披靡,就像在拳击比赛中,可以做到以一敌十。"爸爸神秘地说道。

"一个打十个?价值投资真有这么厉害吗?"吴小哲摸摸自己的头反问道。

"不是价值投资厉害,是因为竞争对手弱。很多老股民连基本的财报都看不懂,整天盯着股价的涨跌,受尽贪婪和恐惧的煎熬,别看他们年纪很大,股龄很长,但实际水平并不高。如果现在要你和幼儿园的小朋友一起比赛,不管是拳击还是跑步,你有没有把握轻松取胜啊。"爸爸乐呵呵地笑着说。

"那是当然啦!"吴小哲开心地笑了。

三十七、直击灵魂的拷问

"爸爸,我们都选择学习巴菲特,那就是非常认可他了。既然巴菲特么厉害,我们为什么不直接买入他的公司或股票?钱先生不是说过,这是取得成功的一条更简单轻松的捷径吗?"吴小哲突然想起钱先生说过的话,提出了一个问题。这是一个看似简单,实则内涵深刻、意义非凡的问题。

爸爸思索了片刻,回答道:"直接买入巴菲特的伯克希尔,对于绝大多数人来说,确实是非常不错的选择,这从某种意义上相当于直接拥有了巴菲特的投资能力。这种选择其实是一种大智慧的体现,其本质是增大了投资成功的确定性,减少了自己投资失败的风险。

认知和认可并充分信任优秀的投资管理人,本身也是一种能力的体现,而且这是一种高超的识人用人的能力。这与刘备善用诸葛亮、关羽,刘邦驾驭韩信、张良,李世民重用魏征、尉迟恭,都有相似之处。

不过,在投资中,选择和绝对信任投资管理人,虽然是一条很好的路径,但这件事比想象中要难很多:找到优秀的投资管理人已属不易,即使找到自己认可的投资管理人,最大的难点仍在于需要放下自我,充分信任别人,能做到这一点的人往往非常聪明,而且拥有大智慧。

在这方面,最聪明的人莫过于巴菲特的老搭档芒格。芒格本身是知名大律师,同时也是地产老板,其年轻的时候通过 5 个项目共赚 140 万美元。这笔钱相当于现在的 1 400 万美元。如果在中国,芒格可是妥妥的亿万富翁呢。他认识巴菲特之后,最开始还是自己做投资,但是 1973 年和 1974 年他连续两年亏损 30%,把公司之前 11 年赚的钱都亏掉了。这时聪明的芒格认识到在投资上巴菲特比自己专注,也更擅长于投资。于是,他就选择了放弃自己做投资,将投资的主导权交给了巴菲特,开始与巴菲特合伙,并成为伯克希尔·哈撒韦公司的合伙人,此后芒格和巴菲特联手缔造了伯克希尔商业帝国。

21 世纪后,已经 70 多岁的芒格认为中国未来会很好,通过多年交流和观察,他选中了年轻但非常理性、人品优秀的中国人李录作为资金管理人,把自己家族的基金交付给李录打理。这些年来,李录给芒格创造了丰厚的回报,芒格有望比巴菲特更好地延续家族的财富。

与巴菲特一生专注于投资相比,芒格的人生更圆满而幸福:夫妻和睦、儿孙满堂、个人爱好广泛,芒格会造船、亲自设计并修建房子等,他捐赠设立了好几个大学的基金会。"

"小哲,你想知道我的人生榜样和偶像吗?"爸爸突然问道。

"当然想,是谁呀?"

"就是芒格老爷爷。他一生家庭幸福、儿孙满堂；自己早早就成了亿万富豪，生活富足，而且去世的时候只差一个月就满一百岁。以我们中国的世俗传统来说，芒格爷爷称得上'福禄寿'三全。他就是我学习的榜样和人生奋斗的目标。"爸爸羡慕地说道。

吴小哲听完爸爸的介绍，也感觉芒格比巴菲特更厉害，不过现在他对自己的问题更感兴趣，接着说："爸爸，你还没回答完我的问题呢。"

"事实上，学习巴菲特的人，不直接买入伯克希尔股票，除了客观上的制约，主观上不管是否承认，其实都是自认为或者潜意识中认为能够超越巴菲特。然而，事实证明，绝大多数人都高估了自己的能力，低估了巴菲特取得非凡成就的难度。"爸爸接着说。

"巴菲特拥有穿透时光看到十年后企业发展的眼力，有高度洞悉商业模式发展潜能的前瞻力，有十年如一日坚定持有的超强定力，有买下整个公司影响企业决策的财力，有超强的人脉资源和社会影响力，再叠加近百年的投资功力，普通人根本无法企及。"

"如果我生在美国，拥有足够的资金，我就买入伯克希尔的股票。我会等待时机买入很可能在伯克希尔大幅下跌的时候大胆买入。"吴小哲跃跃欲试地说。

"我们生在中国，重点自然投资于中国。买入伯克希尔的股票虽然可以作为一个潜在的选择，但巴菲特毕竟年岁已高，且伯克希尔规模已经太大，加上近20年年化10%的收益并不理想，此时再买入伯克希尔并不是最佳选择。"爸爸表达了对投资中国股票的自豪感。

"那我们的最佳选择是什么呢？"吴小哲似乎错失了一个搭便车的好机会，有点失望地追问。

"尽早打造属于自己的投资体系。"爸爸坚定地回答,眼中流露出充满信心的光芒。

"我听你说过好多次投资体系,能不能再详细地和我说一说呢?"吴小哲若有所悟地说。

"通向罗马的道路有多条,并不是成不了巴菲特就再无成功的机会。学习巴菲特但不买入伯克希尔,也并不意味着我们自负地认为自己的投资能力超越了巴菲特,而是希望从他的投资理念和方法中获得启发,并将有益经验运用到自己的投资决策中。

我们没有巴菲特那样极强的投资能力,但可以通过建立自己的投资体系来填补这一差距,并解决投资中的难题。每个人都有自己的优势和独特的视角,我们应该凭借自身的优势和经验,开创适合自己的投资策略,追求投资的成功。

投资体系在形式和内容上并没有绝对的好坏。不管是价值投资,还是技术派,或者其他的流派,只要能够形成自己独属的可重复、可持续的确定性投资闭环,你就可以在资本市场中长期生存下去。这有点像大千世界,无数的物种可以并存,它们一定都有自己独特的生存之道。最重要的是,你要尽早找到适合自己的那一种生存方式。

相对来说,价值投资是最容易学习,也是最符合常识,而且久经考验的一种投资体系。买股票就是买企业,要克服自己贪婪和恐惧的情绪,不受外界市场波动的影响。在自己能力范围内买入优质企业并长期持有。这是格雷厄姆和巴菲特指引给我们的投资之道。在股票低估或合理的时候以合适的价格,留足安全边际买入,找到好的买点,这是投资之术。道术结合的投资体系,相对来说能够让我们不偏激、不冒进、不贪不惧，长期可复制、可持续性地取得投资成功。

我的投资体系，考虑前提是不亏损。我们从具体的选股策略来说，其主要有三种类型，它们都源于我对投资选股中的确定性、景气度和估值的思考。

确定性是判断公司未来是否有持续增长的可能性，包括商业模式、财务指标等；景气度则是判断公司当前的经营状况，包括行业供需关系、产品接受度等，也包括引发当期业绩增长的因素；估值则是对个股价值的判断。

在这三个维度中，确定性和景气度都与投资胜率相关。确定性是长期胜率的考量，而景气度则是短期胜率的把握，估值实则是对赔率的判断。当然，低估值并不能保证股价一定会上涨，但一旦上涨，获利空间和把握性会更大。

我需要做的事情，就是从确定性、景气度和估值三个维度出发，综合考虑投资的胜率和赔率，找到有潜力的股票或行业进行投资。我们可以从以下三类去寻找。

第一类是确定性高、估值便宜的股票，一般行业的景气度较差。它的本质是低价买入高分红的优质行业龙头股或优质股。2016年我买入中国神华的时候，当时煤炭全行业亏损。而中国神华2015年第四季度的时候也出现亏损。在煤炭行业完全被主流市场抛弃的时候，买入中国神华这种确定性高、分红高的行业龙头股，恰好是极佳的时机。

因为企业本身质量过硬，加之现金流充沛，很少或者没有负债，只需要行业景气度稍有回升，其股价就能够明显上涨。其属于向下空间有限,向上空间很大的稳健型投资对象,是投资体系中的重点。只要买点不错,耐心持有,三五年收获 1～3 倍概率是比较大的。"

"我知道了,我们今天重点聊的富森美就是这种类型吧?"吴小哲兴奋地插话道。

"嗯,是的,确实如此。富森美是区域龙头,企业质量过硬,现在估值便宜,不过由于地产和疫情的影响,现在景气度也很差。但是房地产相关行业是一个 10 万亿元的超级大行业,也是一个事关国计民生的大产业,未来不可能消失。我相信行业景气度只要稍有恢复,富森美就会受益,我们的投资目标也一定能够实现。"爸爸自信地说道。

"第二类是确定性高、估值合理的成长股,行业景气度相对较好的企业。这就是芒格先生提出的,以合适的价格买入优质的企业。有些企业具有独特的竞争优势,未来成长性比较确定,在估值合适的时候买入,可在收获企业业绩成长的同时,可以享受估值抬升,从而实现投资的戴维斯双击。

以国内高分子材料助剂领军企业呈和科技为例。该公司处于产业链上游,聚焦高分子材料助剂领域,主营产品包括成核剂、合成水滑石等产品,是高性能树脂材料和改性塑料的关键添加材料,产品因具有安全和环保特性被广泛应用。

2021 年,我国成核剂进口依赖度超过 70%,公司国内市场份额占比超过 20%,呈和科技拥有自主核心技术,填补了国内相关产品技术空白,推进了产品国产化进程。公司合成水滑石是中国石化唯一指定使用的国产合成水滑石,并且在中国石油、中海壳牌分别实现了对协和化学合成水滑石的进口替代。公司是首家通过美国 FDA 食品接触物质审批的国内企业,同时也取得了欧盟、韩国等产品准入认证,为目前通过该审批最多的中国企业。公司产品性能比肩国际先进品牌,客户黏性较强。公司具备八大核心技术,技术先进打造了强大的行业壁垒。公司未来业绩增长动力不仅来源于现有产品的产能扩张,还有国产化替代、产品拓展新领域应用带来的增量市场。

呈和科技本身成长性比较强,赛道高景气较高,市场前景十分广阔。公司毛利率稳定在 40% 以上,净资产收益率稳定在 25% 左右。当股价 30 元时买入,公司市值为 40 亿元,市盈率为 15 倍左右。对于一家有明显竞争优势,未来几年预计增长率达到 20% 的成长型企业来说,估值是合适的,买入一定的资金也是值得的。

这类股票是确定性、估值和景气度综合平衡下的标的,适合取得一定盈利后尽快回收本金,长期持有利润,用短期的收益化解长期成长中的不确定性。这种类型的股票是投资体系中的重要力量。"

"第三类是确定性不高但估值便宜,而且适逢景气周期逆转初期的企业。以 TCL 科技为例,它是国内面板双龙头之一企业,大尺寸面板中,55 寸面板份额全球第一,32 寸面板市场份额全球第二,65、75 寸面板市场份额提升至全球第二。

近年来由于持续的价格战,该领域未来不仅暂无新的进入者投建产线,现有对手也逐渐退出竞争序列,供给侧迎来巨大改善。TCL 仅华星光电目前已建投产的产线共有 6 条,总投资接近 2 000 亿元;2024 年净利有望达到 100 亿元,目前 3 元多的股价,对应股票市值仅为 700 亿元。

TCL 作为国内面板行业双龙头之一,成本优势显著。随着面板景气触底回升,TCL 有望充分受益、量价双升,迎来估值修复的确定性非常高。

这种类型的股票,适合阶段性持有。买在业绩确认反转但股价没有体现的前夕,卖在业绩兑现股价出现阶段性高点的时刻,往往能够在不长的时间内收获相对确定性的收益。由于好企业低估的时刻并不经常出现,这种方式是对前两种方式的有益补充。

巴菲特的业绩很少大起大落,本质上也是因为他的投资组合用喜诗糖果、可口可乐等现金奶牛和保险的浮存金作为投资基础,利用产生的现金流买入其他优质成长股,从而实现全组合的稳步长期可持续上涨。"

"对于成熟的投资人来说,即使是抄巴菲特伯克希尔所持有企业的作业也完全是可行的,不过前提是即使是巴菲特认可的企业,也需要满足自己的投资体系才可以。"爸爸最后总结道。

吴小哲感觉爸爸说的这些东西过于深奥,一时无法完全理解,但他迫切希望自己能够尽早拥有一套自己独属的投资体系。

三十八、吸引力法则

"你想知道我的人生为什么会走上投资之路吗?"爸爸休息了一会问道。

"当然想啦。"吴小哲兴趣盎然地回答。

"其实这缘于我在 2000 年定下的人生目标。"

"2000 年是一个非常特殊的年份,因为它跨越千年。在 2000 年,一个独特的现象横扫全球,那就是'跨千年许愿'。当时,世纪的交替给人们带来了一种特殊的情愫和欢庆氛围。人们相信,在新的千年之际,可以通过许愿的方式来迎接更好的未来。

这种趋势开始于 1999 年年末,当时全球都沉浸在迎接新世纪的喜悦中。人们纷纷参加派对、活动和庆祝仪式,以欢庆过去的一年和即将到来的新纪元。在这个背景下,许愿成了一种流行的方式。

许愿的方式各式各样。有的人选择在城市广场上放飞灯笼,寄托他们的希望和梦想。有的人写下自己的愿望并把它放进一个特制的容器中,然后将其投入湖泊或大海,以传达他们的渴望。还有一些人去寺庙或教堂,向神灵祈祷和许愿,希望得到守护和祝福。

流行跨千年许愿的背后,是人们对未来的美好预期和希望。他们相信新的千年将给自己带来新的机遇和挑战,他们希望通过许愿来改变自己的命运和实现自己的愿望。这种趋势的流行也彰显了人们对于梦想和幸福的追求,以及对未来的向往。

许愿,本身就是一种心灵抒发和对美好未来的期许。无论是在何时何地,许愿都代表着人们对于幸福生活的追求和对美好事物的渴望。你们这一代人不再有流行跨千年许愿的盛况,但每个人,在每个时刻,都可以用自己的方式,许下属于自己的特别愿望,为自己的未来而努力奋斗。

跨千年许愿是我们这一代人一生中令人难忘的记忆,它代表了那个特殊年代年轻人的希望和热情。时光荏苒,如今已经过去了二十多年,人们或许已经忘记了那个独特的许愿风潮。我们今天的交流让我回忆起那段充满希望和梦想的时光。"

"爸爸,你跨千年许的愿是什么?"吴小哲好奇地问。

"我跨千年的许愿是成为一个财务自由、时间自由的人。后来接触到投资后,我认定投资是可以实现这个愿望的最佳方式,所以我走上了投资之路。

我告诉你一个人生成功的诀窍:只要你肯大胆设想、认真准备,你的目标就完全有实现的可能。即使你许下愿望的时候,感觉难度很大,实现的可能性很小,但可能也有梦想成真的一天。这就是吸引力法则。"

"爸爸,什么是吸引力法则?"吴小哲插话道。

"吸引力法则是一种心理学理论,强调积极的思考和行为能够引发积极的结果。它认为个人的思想和情感能够产生一种能量,进而影响个人的现实生活。换句话说,我们所思考、所感受的事物会引发相应的行为和结果。

一个人的梦想或者愿望,就像一颗种子,当你把种子种在适宜的土壤中,经过养护和灌溉,它会逐渐生长,最终结出果实。同样,实现梦想也需要时机的成熟和一系列的努力。

首先,我们需要大胆设想。不论梦想和愿望多么大胆,多么难以实现,当我们设想时,我们要给予梦想生命的力量。设想是启动吸引力法则的第一步。设想时,我们要尽可能具体地描绘我们的梦想,让它栩栩如生地存在于我们的大脑中。这不仅帮助我们明确目标,还能激发我们采取相应行动。我们可以把目标打印出来,放在自己每天都能看到的地方,这样做的目的是给自己的目标设定一个明确的方向,并激励自己为之努力。

其次,我们需要认真准备。准备是实现梦想不可或缺的一部分。无论是学习新技能、积累相关知识、拓展人际关系,还是改变一些不利于梦想实现的习惯,准备都是为了让自己更好地迎接机会的到来。在准备过程中,我们需要保持专注和毅力,并不断提升自己的能力和素质。

再次,我们需要积极行动。梦想本身具有一定的吸引力,但我们不能仅仅停留在想象和准备上,而是要付诸实际行动。积极行动是将梦想从思想转化为现实的桥梁。每一步行动都有可能使我们逐渐接近梦想和成功。

在准备的过程中,可以自己设计一个梦想储蓄罐,用来帮助我们实现自己的梦想。梦想储蓄罐可以是一种象征性的工具,也可以是一个真正的储钱罐。梦想储蓄罐的作用不仅仅是储蓄,更重要的是,它象征着个人对自己梦想的承诺。每当我们在储蓄罐投入一定的金额或者放入自己取得的成果时,我们就在向自己的梦想靠近。这种行为会让我们更加有动力去实现梦想,同时也能帮助我们建立良好的储蓄与总结的习惯。通过设定明确的目标,你可以更快地实现自己的梦想。

当然,需要提醒的是,在实现梦想的过程中,你可能会面临各种困难和挑战。你可能会感觉到梦想实现的可能性非常小,甚至认为这是个困难重重的任务。然而,吸引力法则告诉我们,只要你始终坚持,并相信自己,你就有可能突破困境而最终迈向成功。你要保持积极的心态,相信自己的能力和价值,不论外界多么困难,你都要坚持下去。

最后,梦想成真的一天会到来。当你经历设想、准备和行动的过程,终有一天,你的梦想会实现。这一天或许会突然到来,或许会一步一步到来。重要的是,你要相信自己的梦想,通过吸引力法则不断引导自己朝着目标努力。"

爸爸继续总结道:"梦想和愿望就像一颗种子,时机成熟就有可能梦想成真。通过大胆设想、认真准备以及积极行动,我们可以引导吸引力的力量,实现自己的梦想。即使在面临困难和挑战时,我们也要保持积极心态,并坚持不懈地追求梦想。最终,梦想成真的一天一定会到来,追逐梦想的旅程将会是令人难忘的。"

三十九、财富列车的座位

　　天色渐晚,父子俩已经聊了很久。通过这次聊天,吴小哲学到了很多新的知识,同时也进一步拉近了和爸爸的关系。休息了一会,爸爸继续说:"在我读书的过程中,有两件小事对我的人生的选择影响深远。"

　　吴小哲知道巴菲特也是由于两件小事影响了他的投资和人生,听到爸爸也有类似的经历,他不由兴趣大增。

　　"20世纪90年代末,交通不便,人们出远门最常见的方式是坐火车,但人多、位置少,车上常常人挤人。我们家乡新化县到省会长沙属于中短途,一般都没有座位,而且站票便宜很多,那时站票是我们学生的首选。不过,相对于其他人需要在火车上辛苦地全程站五六个小时,我却总能够享受到免费的座位。"

　　"这怎么可能呢?"吴小哲疑惑地问。

　　"大家好不容易挤上火车,车厢内场面十分混乱。此时,大多数人为了省却麻烦,往往会原地不动,出现空位的机会几乎为零。等火车开动后,我都不会停留在原地,而是挤向前方车厢。我走过人群,仔细地搜索着每一个可能的空位,为自己寻找一方舒适的地方坐下。虽然这个过程辛苦,耗费的时间也不少,但我还是坚持不懈地前行。到最后,我总能找到难得的空位,不仅享受了舒适的乘车体验,更获得了自我奋斗的满足感。

出现空位的原因多种多样。有时有人临时上厕所,因为火车厕所极少,往往需要等很久,这时只要脸皮厚一点,对旁边看管座位的人讲礼貌,敢于见空就座,通常是可以轻松坐上一段时间的。有时是买票的人下车了,位置暂时空出来,但旁边的人以为这人只是上厕所,不好意思坐,机会就轮到我这样的'外来者'了。当然,最主要的原因是,火车站为了集中售票,往往把一个地方的人排在一两个车厢,像我们新化这种人口大县,无论什么时候上车肯定很挤,但也有一些地方上车的人很少,只要肯向前找,总能找到这种机会。有时上车的车厢非常挤,但我最终会找到空位,甚至有时一个人可以坐两个位置。同样在一趟车上,真是不可思议。

在生活中,每个人都有自己的目标和追求。有人追求物质上的富有,有人则更加看重精神上的满足。不论我们的目标是什么,只要我们坚守自己的信念并不停向前寻找,就一定能够获得成功。

同样的道理,当我们在追求某些目标的过程中,遇到困难时,不要轻易妥协。我们只有不停地向前寻找,不断地踏实努力,才能获得真正的成功。有时我们的目标可能难以实现,或者需要很长时间才能达成,但是,我们应坚定自己的信念,继续走下去,直到达成自己的目标。我们需要保持不断前行的心态,并努力去寻找我们一切可能的机会。

当我们在追求自己的目标时,也要时刻提醒自己,无论困难和挑战有多大,都需要勇往直前。我们需要相信付出就会有回报,相信自己所做的一切都是值得的。无论是寻找火车上的座位,还是在工作中追求更高的成功,每一次努力都可能获得回报。"

爸爸继续侃侃而谈地总结道:

"总之,不断前行是成功路上的必备素质。当我们遭遇挫折时,只要坚持自己的信念,并不断前行,我们就能够攻克难关,机会就有可能在不远的前方等着我们。在成功的道路上,坚韧不拔地走下去绝不是浪费时间,每一步都可以帮我们建立更加稳固的信念,塑造我们强大的意志力。让我们勇往直前,直到成功的那一刻。"

"爸爸,我一定会努力,像你一样不断前行。"吴小哲郑重地保证,爸爸看到后,满意地点了点头。

"还有一件类似的小事让我受益良多。我来到长沙读书,那时候长沙火车站到学校这段路程中只有两路公交车,因为沿途中有十来个学校,这两路车上的人是最多的,绝大多数人只能辛苦地站在车上,甚至挤上一个多小时才能到达目的地。如果中途有人下车,空出来的位置往往被好几个人哄抢。而我同样有一个绝招,可以上车后稍站不久,就能轻松坐上位置。"

"真的吗？是怎么做到的呢?"吴小哲再次惊讶地问道。

"不管怎么拥挤,我上车后立即挤到最后一排,成为车上站在最后一排的第一个人。人多的时候,这个过程十分不易,但非常值得。之所以这样做,是因为后排坐着的七八个人中,只要有任何一个人提前下车,对方必须经过我让路才能走出去,我顺势占住位置,不用争也不用抢,这个位置自然就轮到我了,有时我甚至还有多个座位可以选择。"

"这真是一个好办法。"吴小哲抿嘴一笑。

"人生就像坐公交车一样，到达成功终点的路途都不容易，沿途会遇到很多人和事，经历很多起伏。我们要时刻调整心态，提前做好准备、卡好位置，准备迎接挑战与机遇。站在上车位置原地不动确实不需要折腾，但站在最后一排却要依靠自己的智慧和坚持。

选择站在最后一排，其实就是让自己成为站立位置最好的人。在这一位置，你会感受到自由的力量，像风一样畅快地行走。我们只需要耐心等待，机会就会降临。人生就是如此，人们总是争先恐后，凡事都想要拔得头筹。但是，如果选择正确，我们也可以不必争抢，只需按照自己的步伐、自己的节奏自由地前进即可。

成为站立在最后一个人之前，我们绝不能止步不前，而是要不懈奋斗，保持强大的意志力，提升自己的自我价值和品质。挫折和危机，是通向成功的必由之路。人生都是在困境中忍耐，不屈不挠、不怕失败，在失败中成长，在成长中收获。

人生取得成功的诀窍之一就是善于思考、勤于努力。为了自己心中的梦想，我们要抢占事业发展的有利地形，就像坐火车与乘坐公交车一样，每一站、每一刻，都应努力实现生命的价值和意义。这个世界并不公平，但只要你始终保持一种愉悦的心态，认真观察和思考，积极寻找机会、大胆行动，你就可以在人生这趟漫长的旅程中放飞心灵、享受美好。

从投资的角度来说，这两件小事对我来说意义重大。世界潮流滚滚向前，如果我们能够主动去改变心态和适宜环境，处境可能完全不同。

社会各行各业都极其复杂，要想在业内脱颖而出极为不易。但好消息是，我们在深耕自己主业的同时，如果只是想基本达到或超越其他行业的平均水平，其实没有想象中那么难。这是因为有很多聪明而勤奋的人在他们擅长的行业中已经总结出了很多简单易学而且高效实用的好方法。我们只要用极少的时间去学习和实践，就能取得不错的成绩。

以投资为例，七亏两平一盈，90％的人赚不到钱。但我总结的定投指数基金、买入低估高分红的龙头企业等，这些投资方式理念非常简单，理论和效果都十分可靠，学习过程相当轻松。只要去践行，它们确实能够让人赚到钱，并成为投资世界赚钱的那10％中的一员。这些方法虽然时间长、收益一般，看上去有点笨拙，但一个笨办法如果行之有效，那就是一个好办法。

普通人只要稍加学习，取得超越银行2.75％的利率是非常简单的事情；只要投资理论正确并敢于大胆实践，即使达到年化收益6％甚至8％的水平也不是难事。但是，要想超过10％的收益就非常不易了。可以说这是业余与专业的分界线，看似增长不多，实则是天壤之别。投资行业如此，其他行业也不例外。

平时不运动的人进行100米跑的成绩在18秒左右，但即使是同一个人，只需稍微进行一些训练，并掌握一些技巧，便可以将成绩轻松提高到15秒。如果想再进一步提高成绩到13秒，就需要付出加倍的努力。如果进入12秒以内的成绩，基本上就是专业人士才能达到的水平了。这些人如果还想进一步提高成绩，除了平日里的努力训练和付出的汗水，还需要足够的天赋。

世界上最厉害的那批100米运动员，其成绩进入10秒大关后,每提高 0.1 秒都极其困难,难度随着成绩的提高呈几何级数增加。对于这些顶尖的专业选手来说,其每个 0.1 秒难关的突破,都需要继续坚持不懈的训练,并且必须具备更好的体能和爆发力。专业的教练和科学的训练计划也是必不可少的。此外,有时候一些微小的改进或调整,如提高起跑姿势、优化步频和步态等,都可能对成绩产生显著的影响。

除了专注于训练之外,对于 100 米跑这项竞技项目,运动员还需要了解赛道的特点、气温、湿度等环境因素的影响,进行适当的心理调节,以应对比赛压力。不仅如此,合理的饮食和充足的休息也是运动员提高成绩的重要因素。营养均衡的饮食可以为身体提供所需的能量和营养素,以促进身体体能的恢复。除了个人因素之外,运动员之间的竞争也可以提高他们的成绩。每个人都希望超越自己,突破自己的极限。在激烈的竞争中,他们会相互借鉴和学习,不断进步,以赢得胜利和荣誉。

总而言之,普通人能够简单轻松完成的 100 米短跑,其上升到专业的竞赛后,将变成一个复杂的科学体系。即使是那些顶尖运动员,要在已经接近理论极限的状态下再有所突破,也需要投入更多的时间和精力。这也是为什么只有极少数人能够达到世界级顶尖水平的原因所在。

无论是体育、音乐,还是科学、艺术等各个领域,都存在类似的情况。一旦达到某个极限水平,进一步提高将变得非常困难。这要求人们不断创新、不断探索新的领域,以突破自身的局限。唯有如此,他们才能在顶级领域中不断超越自己,成就非凡。"

爸爸停顿了一会儿,继续说道:

"你现在还是小学生，就已经学到了很好的投资方法，这就相当于在人生中占据了　个非常好的位置。如果你想成为更专业的投资人，就一定要更加努力，把钱先生所提到的专业投资人需要学习和掌握的各种知识早日融会贯通，真正做到学有所成。

幸运的是，只要你在某一行业做到绝对的出类拔萃，你就能够取得世俗意义上的成功。

现实生活中，经常有一些人一提到投资，就推说自己不懂、不会，这个风险很大，这个学起来太难，从未买过股票等。个别人还因觉得自己规避了风险而感到非常自豪，其实这样的说辞除了让他自己与一些常见的理财机会无缘外，更体现出他自己主观上的懈怠和财商能力的欠缺。

有些人宁愿浪费几个小时去排队买网红奶茶，也不愿花几小时阅读一本可能提高自己财商和能力的书；宁愿忍受生活上的辛苦奔波，也不愿花费少量时间精力去掌握基础的财商知识。这无疑是一种主观上的懒惰。从不参与股票投资这种全中国精英都在参加的金融活动，其实更是一种愚笨，因为他（她）主动放弃了一些通过简单的办法，就可以让时间为自己创造财富的机会，其本质上是甘愿让其他人分走自己应得的财富。

当然，这种不思进取的人，相对于另一种完全不懂、根本不学却敢于将身家财富投入股市的人来说，确实好一点，不过终究是'五十步笑百步'罢了。

只要学会了这些基本的投资办法，人们在人生的财富列车上，即使开始起步比较艰难，但迟早能够找到并拥有属于自己的舒适位置。"

"爸爸,我们现在不用挤火车和公交车了,你这套方法是不是用不上啦?"吴小哲打趣地说道。

"用得上,你们虽然不用再为普通财富列车上的座位而发愁,但可以追求更快、更舒适的高铁、飞机甚至私人飞机的座位嘛。"

爸爸充满期待地笑着说。

跋　慢富即幸福

亚马逊老板贝佐斯曾经问过巴菲特一个问题："你的投资理念非常简单，为什么大家不直接复制你的做法呢？"巴菲特回答说："因为没有人愿意慢慢地变富。"

少壮能几时，鬓发各已苍！转瞬几十载，大家彼时跨千年的愿望都实现了吗？想来人们当时许下的愿望大多与财富、健康、学业、爱情相关，如果只用一个词形容的话，那就是"幸福"。但是，少有人思考过，幸福的标准到底是什么？

迄今为止，我看到过的最佳答案是：幸福其实是一个变量，不以当前拥有为评判，而是当前减以前，如果结果为正数，人们多数会满意和幸福；反之，则反是。

这就容易理解20世纪五六十年代出生的人容易满足，因为他们是从一穷二白的苦日子熬过来的，自然认为现在越来越好。现在有些年轻人在父辈帮衬下，刚迈入社会就有房有车，起点太高反而容易感叹"生活艰难"。纯以财富的角度来说，同样拥有100万元，从10万元成长为100万元的人，与1000万元减至100万元的人，那种"幸福感"却是天壤之别。

从以上述"幸福的标准"来说，追求人生只富一次的人们，"慢慢变富"无疑是最佳的方式：因为幸福总会越来越多，越来越大。

投资的本质是由小变大，将少量的钱投入一个个有成长、有回报的机会，然后通过持续地积累和再投资，以达到财务自由的目标。人们最常用的投资方式是购买股票和基金，但是股票和基金市场是充满风险的，需要有足够的知识和技能来规避风险。除此之外，人们还可以通过房地产、黄金等多种投资方式来赚钱。投资也需要有一个良好的投资计划，包括投资目标、时间、资金、风险控制等。投资更需要不断地学习、实践和总结，才能长期稳定地盈利。

财商知识教育是一项十分重要的任务。无论是家庭教育、学校教育还是社会教育，都应该强调财商知识的重要性，并把它纳入课程。财商知识教育应该从儿童时期就开始，不断地加深和拓展，并帮助孩子形成正确的财富观念，掌握正确的理财技巧，实现财务健康。通过不断地学习和实践，我们可以逐渐掌握这些知识，从而更好地管理自己的金钱仆人。

实现财务健康，需要不断地学习、实践和拓展自己的知识和技能。正确的财富观念和理财技巧都需要通过实践来掌握和改进。对于成年人来说，金钱可以为我们创造更好的生活，但是正确地使用金钱同样也非常重要。只有通过不断学习、实践和完善，我们才能够实现财务健康，并走向更加自由和幸福的生活。

巴菲特在《聪明的投资者》序言中写道："投资成功不需要天才般的智商、非比寻常的经济眼光或是内幕消息，你所需要的只是在做出投资决策时的正确思维模式,以及有能力避免情绪破坏理性的思考。"

与其把投资更多地理解为艺术的范畴,不如把投资理解为讲道理、讲逻辑的理性思考。尤其是价值投资,它是一件可学习、可传承、可沉淀的事情。因为投资人一旦总结出适合自己的投资原则和系统化的知识方法,就可以讲给家人听、讲给出资人听、讲给创业者听、讲给普罗大众听。美国费雪两代投资人的成功、戴维斯家族三代投资人的传承、格雷厄姆与巴菲特师生之间的经典传奇、芒格与李录之间的财富相托等,都是最好的证明。

投资不必依靠天分,只需依靠正确的思维模式,并控制自己的情绪,就能取得成功。投资人要有强大的自我约束能力,克制住不想错过任何机会的冲动,找准自己的机会。总的来说,投资中最重要的事情,是构建一套完整的决策流程和不受市场情绪左右的根本原则。

如果你拥有这样一套成熟的投资体系,就会体会到金钱的神奇,就会惊讶地发现:"钱为自己的主人效力,仿佛这是它的一项工作。"

尽快通过各种渠道建立和培养你的仆人,早日享受成为金钱主人的乐趣吧。

吴 飞

于长沙松雅湖畔

2024 年 5 月 18 日

致　谢

这是一本计划之外，却在情理之中诞生的书籍，它承载着一段温馨而真挚的故事。

2023年初，在一次欢快的聚会中，几位亲近的朋友闲聊时提及，鉴于我在投资领域的熟悉与擅长，是否可以考虑给经常小聚的几家孩子传授一些财商知识。这个提议如同一颗种子，在大家的一致认同和数次热切的要求下，我应下了这个"难差事"：孩子们年幼，对金钱的接触有限，对大人们习以为常的财务知识更是知之甚少。如何将专业的财商知识以通俗易懂的方式传授给他们，让他们乐于理解和接受，这无疑是一项挑战。

然而，正是这份挑战激发了我的热情。从准备图片、文字内容等课件资料，到构思教学要点和讲授方式，我倾注了大量的心血。为几个孩子讲授财商课时，他们的积极反馈让我深感欣慰。在这个过程中，不仅积累了丰富的财商资料，更收获了与孩子们共同成长的喜悦。

2023年下半年，受邀前往孩子所在的碧桂园小学，为"自豪了我的家"系列活动讲授一堂财商课。我以孩子们喜闻乐见的"压岁钱"为主题,结合之前的教学经验,深入浅出地为孩子们带来了一堂生动的财商课。这堂课受到了师生们的一致好评和赞扬,让我更加坚定了继续传播财商知识的决心。

同年,在"大语文·小作家,文学名家进校园"活动中,有幸与湖南省作家协会主席、被人们爱称为"笨狼妈妈"的汤素兰老师交流学习。她提出的"三心二意写童话"(三心即爱心、童心、恒心,二意即创意和意义)的理念深深触动了我,让我萌生了用童话的方式写下此书的想法。在汤老师的启发和引导下,我最终决定将这份对财商教育的热爱和心得付诸笔端,让更多的人受益。

如今,这本书终于呈现在您的面前。它不仅仅是一本关于财商知识的书籍,更是一份我对孩子们、对教育的热爱和承诺。我希望这本书能够成为您和孩子们共同成长的伙伴,引导他们在财商的道路上迈出坚实的一步。

虽然为了出版此书,我付出了很多的精力,但由于水平有限,加上很多专业因素的影响,难免会出现一些表达有失严谨或者错误之处,恳请各位读者批评、指正。

在我人生的旅途中,我有幸拥有一群无私支持和陪伴的人。没有你们,我将无法完成这本关于财商智慧的书籍。我想借此机会向每一位陪伴我走过这段旅程的人表达衷心的感谢。

首先,我要特别感谢我的妻子和儿女。你们是我生命中最宝贵的财富。在我写书的忙碌时期,你们给予我无限的理解和耐心。你们的支持和包容是我坚持创作的动力。你们的陪伴带给我家庭的温暖和幸福。我衷心感谢你们给予我的鼓励和支持,你们的存在让我感到无限的幸福和骄傲。

亲爱的妻子,你是我生命中最重要的合作者和伴侣。你不仅是我的妻子,更是我心灵的寄托。在这段创作的旅程中,你一直默默地支持我,为我创造了一个安静的工作环境。你关心我身心健康的同时,也时刻鼓励我追逐梦想。你的无私奉献和理解让我深感幸福和感激。感谢你一直以来对我的信任和支持。

我亲爱的儿子吴宇哲,对投资的好奇与提问,激发了我讲述故事和投资理念的强大动力。书中的许多内容都在我们的现实生活中得以体现,你是本书当之无愧的第二作者。

我亲爱的女儿吴宇萌,谢谢你在我灵感枯竭的时候,用你的奇思妙想给了我写作的方向。你富有想象力的大脑就像一个写作的宝藏,随时可能迸发出无尽的创意和潜力。书中的部分内容和设想正是采用了你的想法,最终形成了美妙的效果。

感谢景德镇陶瓷大学曾佳芳女士为本书提供了惟妙惟肖的插画,为书增色不少。感谢长沙县碧桂园学校1903班"畅言小组"的大小伙伴们,正是在与你们的愉快交流中,我才产生了写作一本财商书籍的想法。

在这里我非常感谢王冠亚先生百忙之中通读全稿,提出了宝贵的意见和建议,并倾力为本书做了精彩的推荐序,这是本书的点睛之笔。

同时,我也要感谢给本书撰写书评和提供宝贵建议的师友们,非常感谢张居营先生、杨天南先生、欧阳胜杰先生、吴泽先生、谢金国先生、李今微女士、柳瑞女士、董艺先生、陈彦先生、康一波先生、徐渊先生、柳捷先生、邱筠先生、王英女士、胡恒先生、林揿喜先生……还有许多曾经帮助和支持我的朋友,我都永远铭记于心,永怀感恩之心!

我还要特别感谢本书的编辑和出版团队,尤其要感谢王永长编审给我提供了很多专业的修改意见和无私的帮助。你们的专业知识和辛勤工作使得这本书变得更加完善和易读。

最后,感谢这本书的每一位读者,正是因为你们的存在和互动,激发了我对财务智慧的思考和研究,让我深入探索和总结财务智慧的奥秘。

无论你是追求财富的梦想者,还是关心个人理财的实践者,我诚挚地希望这本书能为你带来一些启发和帮助。愿你能运用书中所述的财商智慧,实现个人的财务健康和财富自由,成就更加美满的人生。